有趣的
飞鸟鱼虫
YOUQUDE
FEINIAO
YUCHONG

身边的自然课

宋　飞 ◎主编

应急管理出版社
·北京·

图书在版编目（CIP）数据

有趣的飞鸟鱼虫／宋飞主编．－－北京：应急管理
出版社，2023

（身边的自然课）

ISBN 978－7－5020－9425－6

Ⅰ.①有… Ⅱ.①宋… Ⅲ.①动物—儿童读物 Ⅳ.
①Q95－49

中国版本图书馆 CIP 数据核字（2022）第 130955 号

有趣的飞鸟鱼虫（身边的自然课）

主　　编	宋　飞
责任编辑	高红勤
封面设计	天下书装

出版发行　应急管理出版社（北京市朝阳区芍药居 35 号　100029）
电　　话　010－84657898（总编室）　010－84657880（读者服务部）
网　　址　www. cciph. com. cn
印　　刷　天津泰宇印务有限公司
经　　销　全国新华书店

开　　本　880mm×1230mm$^1/_{32}$　印张　10　字数　200 千字
版　　次　2023 年 2 月第 1 版　2023 年 2 月第 1 次印刷
社内编号　20220272　　　　定价　68.00 元（共四册）

　　形状像小喇叭的牵牛花为什么只在早上开花？鹦鹉为什么能模仿人说话？可爱的大熊猫为什么喜欢吃竹子？火焰山真像《西游记》中写的那样热吗？……

　　在自然界中，我们身边这些看似熟悉的植物、动物、景观，其实蕴藏着各种鲜为人知的秘密。不管身处怎样的环境中，它们都用自己独特的存在方式展现着大自然的美妙，与我们相依相伴。

　　为了让孩子们对身边的大自然有更深刻、更具体的认识，我们精心编写了这套《身边的自然课》丛书。本套丛书从"有趣"的角度，介绍了花草树木、飞鸟鱼虫、哺乳动物、自然奇观等方面的知识，内容丰富，不仅能满足孩子们的求知欲，还能解答孩子们心中的疑惑。同时，书中还配有相应的插画与实物图，方便孩子们识别和记忆，可以让孩子们在增长知识、开阔视野的同时，提高观察力与想象力。

　　赶快打开这本书，让孩子们在轻松的阅读氛围中与大自然成为朋友吧！

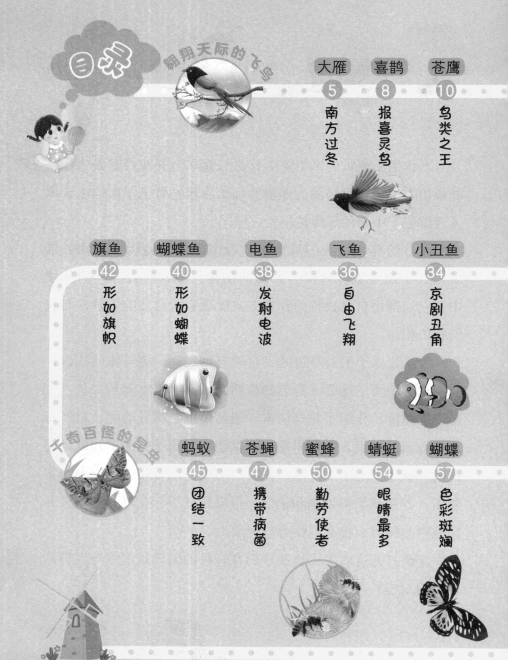

目录

翔翔天际的飞鸟

大雁　喜鹊　苍鹰
5　　8　　10
南方过冬　报喜灵鸟　鸟类之王

旗鱼　蝴蝶鱼　电鱼　飞鱼　小丑鱼
42　40　38　36　34
形如旗帜　形如蝴蝶　发射电波　自由飞翔　京剧丑角

千奇百怪的昆虫

蚂蚁　苍蝇　蜜蜂　蜻蜓　蝴蝶
45　47　50　54　57
团结一致　携带病菌　勤劳使者　眼睛最多　色彩斑斓

啄木鸟
12
森林医生

鹦鹉
14
聪明伶俐

画眉鸟
16
林中歌手

火烈鸟
19
艳丽如火

丹顶鹤
21
单脚站立

朱鹮
24
东方宝石

大白鲨
31
海洋杀手

百灵鸟
28
不畏干旱

天鹅
26
高贵端庄

螳螂
60
性情残暴

瓢虫
63
田间益虫

飞蛾
66
夜间活动

蟋蟀
69
性格孤僻

蝉
72
夏日歌者

萤火虫
75
照明灯盏

畅游水中的鱼

翱翔天际
的飞鸟

南方过冬——大雁

大雁是我国常见的一种鸟类。秋冬是它们迁徙的季节，每到这时，人们一抬头就能看到成排的大雁南飞。它们适应性强，通常居住在水边或沼泽地中，喜欢吃野草、牧草、谷类及螺、虾等。

大雁的迁徙之路

大雁的老家在西伯利亚一带，那里非常寒冷。为躲避寒冷的冬季，它们会成群结队、浩浩荡荡地飞到我国的南方过冬。但它们不会一直待在我国南方，冬天过后，它们会再次回到老家西伯利亚，在那里繁殖后代。有趣的是，在长途跋涉中，雁群的队伍组织得十

分严密，它们常常排成"人"字形或"一"字形。

大雁飞行中的秘密

大雁的体形比较大，长时间飞行会体力不支，而"人"或"一"字形的队列刚好可以弥补这方面的不足，节省力气，从而使它们保留体力在西伯利亚和我国间来往。雁群中领头的大雁的作用非常

科普在线

大雁的体形比较大，羽毛一般为褐色、灰色或白色，翅膀长而尖，嘴的基部较高，颈部较粗短。

大，它只须拍打几下翅膀，就会产生一股上升气流，后面紧跟着的大雁就可以利用这股气流，飞得更快、更省力。如此一来，它们一只跟着一只，雁群自然排成整齐

的"人"字形或"一"字形。大雁
这种队形不只是为了省力，也是
一种集群本能的表现，因为
这样有利于防御敌害。

 雁群中的"队长"

在庞大的迁徙队伍中，大雁
总是选择一只有经验的老雁当
"队长"，让它飞在队伍的
前面。这只老雁在飞行
中，会消耗大量的体
力，因此，它常常与
别的大雁交换位置。
幼雁和体弱的雁，大都
插在队伍的中间，它们吃饭时
会由一只有经验的老雁担任"哨兵"。大雁的羽毛呈淡
灰褐色，并且带有斑纹。这样美丽的"外衣"很容易引
起天敌的注意，如果孤雁南飞的话，就有被敌害吃掉的
危险，所以雁群在迁徙中非常小心。

报喜灵鸟——喜鹊

在我国民间，喜鹊是常见的一种鸟，它们的叫声婉转悠扬，所以人们把它们视为吉祥的象征，称其为报喜鸟，把它们的叫声称为吉利之音。喜鹊喜欢吃植物的果实和种子，瓜类、玉米等农作物，夏季主要吃昆虫等动物性食物。不管是在山区、平原，还是在荒野、农田、郊区、城市、公园等地，都能看到它们的身影。人类活动越多的地方，喜鹊的数量也越多。

喜鹊筑巢的本领

喜鹊被称为"筑巢巧匠"，它们习惯在树冠的顶端筑巢。喜鹊筑巢堪称一项浩繁的大工程，仅是巢穴的外部结构就要消耗两个多月的时间，等到巢穴内部的工程竣工，前前后后差不多要花掉四个月的时间。

 巢穴的"装潢"

喜鹊的巢穴是球形的，雌鸟和雄鸟共同分担筑巢的任务。它们先用枯枝编出巢形，再把厚层泥土填涂在内壁上，最后在里面填充草叶、羽毛、兽毛和棉絮等柔软的东西。它们每年都会用新枝修补旧巢，以供使用。由于喜鹊的巢穴很容易被其他鸟类发现，所以经常会被那些懒惰的鸟类，特别是红脚隼占为己有。

 科普在线

喜鹊的头部、颈部以及背部、尾部都长着黑色的羽毛，并且泛有蓝紫色的金属光泽；腹部长着洁白的羽毛，飞羽和尾羽都呈黑色，泛着墨绿色的金属光泽。

鸟类之王——苍鹰

在鸟类中，苍鹰的性情异常凶猛，在世界上很多地区的森林里都能见到它们的身影。苍鹰善于飞翔，但除迁徙期间外，它们很少在空中飞翔，常隐蔽于森林树枝间窥视猎物。苍鹰的视力非常好，有数据表明，它们眼睛的分辨率相当于人眼的八倍。它们主要以森林中的鼠类、兔类、雉类、鸠鸽类及其他小型鸟类为食。通常单独活动，叫声洪亮。

凶猛的捕食方式

苍鹰闪电般的飞行速度能够让它们很方便地捕获猎物。一旦发现地上的目标，它们往往会快速出击，猛烈地扑向猎物。它们会用一只利爪把猎物的胸膛刺穿，

然后再用另一只利爪将猎物的腹部剖开，先把它的心、肝、肺等内脏部分吃掉，再抓着鲜血淋漓的尸体飞回栖息的树上慢慢地撕食。

 ## 苍鹰的配对与产卵

如果在天空中看到成对翻飞、相互追逐并不断鸣叫的苍鹰，说明它们已经完成配对。雌苍鹰通常在每年的5—6月产卵，每次产卵2～4枚。在此期间，雌苍鹰主要负责孵卵，而雄苍鹰则主要负责捕食。

高处的巢穴

苍鹰往往选择在密林僻静处较高的树上筑巢，常利用旧巢，巢材为新鲜桦树枝、糠椴枝、山榆枝、鸟类的羽毛等。

科普在线

苍鹰的前额、头顶、枕部和头侧呈黑褐色，尾部呈灰褐色，喉部有黑褐色细纹及暗褐色斑纹，胸、腹、两胁和覆腿羽布满较细的横纹，虹膜呈金黄色或黄色，脚和趾呈黄色，爪子呈黑色。

森林医生——啄木鸟

啄木鸟大家都不陌生。因为大多数啄木鸟都以害虫为食，所以被人们亲切地称为"森林医生"。但有些啄木鸟喜食树木的汁液和果实，破坏树木的生长，这类啄木鸟给人类带来了很大困扰，可见，并不是所有啄木鸟都是"好"的。啄木鸟广泛分布在除南极洲、大洋洲及马达加斯加岛以外的世界各地。

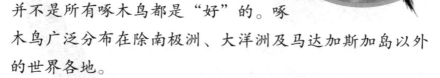

啄木鸟判断害虫的"秘诀"

啄木鸟会一边在树干上向上攀缘，一边用喙叩敲树干，从敲击树干的声音中，它们就能知道害虫潜伏的地方，然后在树皮上啄一个小洞去取食害虫。

啄木鸟不会得脑震荡的原因

　　啄木鸟每天都要用喙叩敲树干几百次，但它们既不会得脑震荡，也不会头痛。这是因为，啄木鸟的头部有很多"防震装置"：它们的头骨结构疏松而充满空气；头骨的内部还有一层坚韧的外脑膜；在外脑膜和脑髓之间有一条狭窄的空隙，里面含有液体，减弱了震波的传动，起到了减震的作用。

啄木鸟啄出的洞

　　由于啄木鸟啄洞的本领较强，它们会在树干上啄出各种形状的洞。这些洞有着不同的用处，有的会被作为哺育幼鸟的"育婴室"，有的则被它们作为自己的巢穴。啄木鸟每年都要搬到新啄的洞里去，而那些被抛弃的"老家"，会被其他动物当作现成而舒适的家。

科普在线

　　啄木鸟的嘴坚硬如凿，舌头很神奇，能够自由地伸缩，脚比较短，尾平或呈楔状，有12枚尾羽，羽干非常坚硬且富有弹性。

聪明伶俐——鹦鹉

在公园和动物园中，我们常常会见到这样一种鸟，它们能像人一样说话，这种鸟叫作鹦鹉。它们这种善学人语的特点，为人们所欣赏和钟爱。鹦鹉能吃的东西有很多，不仅能吃昆虫，还能吃花粉、花蜜，以及植物的果实、种子、嫩芽嫩枝等。人们在果园、农田和空旷的草场中均能见到它们的身影。

"表演艺术家"

鹦鹉聪明伶俐，善于学习，经训练后可表演许多新奇有趣的节目。鸟类没有脑灰质（大脑皮层），因此没有思想和意

识，所以它们不可能懂得人类语言的含义。而鹦鹉之所以能学人说话，是因为它们的口腔非常大，细长而柔软的舌头非常灵活，它们的发声器——鸣管就长在两条支气管交叉的地方，鸣管外面长着发达的鸣肌，收放自如的鸣肌可以轻松地改变鸣管的形状，从而改变声音。因此，一般经过训练后的鹦鹉都可以模仿人说话。

鹦鹉强大的记忆力

鹦鹉具有非常强大的记忆力，它们凭借此往往可以牢牢记住并重复它们所反复听到的人们的话。然而，鹦鹉绝对不会想到，自己这种出于无意识的特性常常使自己成为不可或缺的"重要证人"，甚至可以帮助侦查人员破大案哩！

科普在线

鹦鹉的羽毛非常鲜艳，有对趾型足，两趾向前、两趾向后，非常适合抓握，是典型的攀禽。它们的喙强劲有力。

林中歌手——画眉鸟

画眉鸟十分漂亮，它们的别名为"林中歌手""鸟类歌唱家""鹛类之王""鹛类歌星"等，但是最为贴切的是它们的正名——画眉。它们一般居住在山丘或村落附近的灌木丛中，亦活动于针叶林、针阔混交林、竹林及田园边的灌木丛中，主要以昆虫为食，如蝗虫、椿象、松毛虫等，也食用草籽、野果、草莓等植物，是杂食性动物。

唱歌求偶的雄画眉鸟

每年清明前后到夏至前后，是画眉鸟繁殖的时期。雄画眉鸟为了博得雌画眉鸟的欢心，会不知疲倦地向着雌画眉鸟唱歌，甚至大献殷勤，尽显自己的温文尔雅，展现自己的歌唱天赋。

安家与繁衍

　　雄画眉鸟求偶成功后，会建造新家繁衍后代。一些有繁殖经验的画眉鸟，会在旧巢里繁殖后代，在没有敌害的情况下，它们会在旧巢里居住很多年。

　　画眉鸟的巢一般筑于山丘中茂密的草丛、灌木丛中，巢穴呈杯状或碟状，大多由干草叶、枯草根和植物的茎等编织而成。巢穴筑好后，画眉鸟会较固定地生活在一个区域

内，一般不会往远处迁徙。画眉鸟在野外常常单独活动，有时结小群活动。在繁殖季节，雄画眉鸟常引吭高歌，尤其喜欢在清晨和傍晚鸣叫，其叫声婉转多变，非常动听。

孵化与警戒

画眉鸟产的卵呈椭圆形，卵壳有光泽，颜色为浅蓝色或天蓝色，表面有褐色斑点。产卵结束后，雌鸟负责孵化，雄鸟则负责在巢穴周围警戒。

科普在线

画眉鸟身体修长，略呈两头尖、中间大的梭子形，具有流线型的外廓。一般上体羽毛呈橄榄色，下腹羽毛呈绿褐色或黄褐色，下腹部中央小部分羽毛呈灰白色，没有斑纹，头、胸、颈部的羽毛和尾羽颜色较深，并有黑色条纹或横纹。它们的眼圈呈白色，眼边各有一条白眉，匀称地由前向后延伸，并多呈蛾眉状。

艳丽如火——火烈鸟

火烈鸟又名红鹳，是一种羽色鲜艳的大型水鸟。它们的羽毛呈火红色，特别是翅膀基部，羽毛光泽闪亮，远远看去，就像一团熊熊燃烧的烈火。火烈鸟常栖息于温热带盐水湖泊、沼泽及礁湖的浅水地带，主要以藻类和浮游生物为食。

筛子一样的嘴

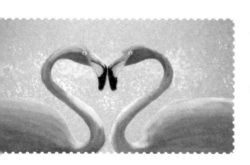

火烈鸟上喙的边缘像筛子一样，能把食物从水中过滤出来。它们进食时是将食物和水一起吮入口中的，有了这个"筛子"，才能将多余的水和不能吃的渣滓排出。

神奇的红色羽毛

火烈鸟羽毛的本色并不是红色，只是因为它们生活在咸水湖沼泽地带，主要靠滤食一种绿色的小水藻为生。这种小水藻在消化系统的作用下，会产生一种能让羽毛变红的物质，所以它们的羽毛才变成了引人注目的红色。

奇特的体形

火烈鸟的体形很奇特，但整体看起来是高雅而端庄的，无论是亭亭玉立之时，还是徐徐踱步之际，总给人一种文静轻盈的感觉，深受人们的喜爱。由于全球湿地面积大量缩减，火烈鸟的生存环境也岌岌可危，相关国家正在积极进行保护。

科普在线

火烈鸟全身的羽毛主要为朱红色，身体纤细，头部很小，细长的颈部弯曲呈"S"形，镰刀形的嘴细长而弯曲向下，还有一双又细又长的红腿。

单脚站立——丹顶鹤

在动物园中，我们经常能看到美丽的丹顶鹤。其实，丹顶鹤是一种非常珍稀的鸟类，被人们称作仙鹤，是吉祥、忠贞、长寿的象征。关于丹顶鹤很多人有一种误解，那就是误以为剧毒"鹤顶红"来源于丹顶鹤的头顶。事实上，真正的"鹤顶红"学名砒霜，天然砒霜外观为白色霜状，提炼后的砒霜纯度不高，其中还会有一些杂质，所以最后得到的是红色的砒霜，类似丹顶鹤鹤顶的颜色，才得到这个"雅号"。丹顶鹤常栖息于平原、湖泊、沼泽、海边滩涂、草地、农田等地，主要以鱼、虾、水生昆虫、软体动物、蝌蚪等小型动物为食，有时也以水生植物的茎、叶、块根、果实等为食。

单脚站立的秘密

丹顶鹤经常只用一只脚站立，并将一只脚收入翅膀下休息，鸟类学家认为它们这样做是为了减少能量的消耗。通常，丹顶鹤还会交替使用双脚"独立"。这

科普在线

丹顶鹤身披洁白的羽毛，喉、颊和颈为黑色，长而弯曲的黑色飞羽呈弓状，覆盖在白色尾羽上，有裸露的朱红色头顶。

是因为，丹顶鹤没有办法改变自身的重心，所以只能从一只脚换到另一只脚。另外，丹顶鹤一只脚站立还能看得更远，这样就可以有效地防范天敌的突然袭击。一旦发现有天敌突然袭击时，丹顶鹤就可以及时发现，并立刻逃跑。

高亢的叫声

丹顶鹤的鸣叫声高亢、洪亮，这和它们特殊的发音器官有关。丹顶鹤的颈很长，鸣管长达1米以上，是人类气管长度的好几倍。鸣管末

端卷成环状，盘曲在胸骨之间，就像乐器中的圆号一样，发音时能引起强烈的共鸣，声音可以传到几千米以外呢！

优美的舞姿

丹顶鹤配对成功后，相互之间会对鸣、跳跃和舞蹈。舞蹈的主要动作有伸颈抬头、展翅行走、屈背、鞠躬、衔物等，但姿势、幅度、快慢有所不同。这些动作大多有比较明确的目的，比如说鞠躬一般表示友好；全身绷紧，低头敬礼，表示自身的存在、炫耀或者恐吓；弯颈和展翅则表示怡然自得；亮翅表示心情愉悦。

东方宝石——朱鹮

朱鹮是一种中型的涉禽，体态秀美典雅，行动端庄大方，外表美丽动人。由于朱鹮性格温顺，中国、日本的民众都把它看作吉祥的象征，将其称为鸟类中的"东方宝石"。朱鹮还是日本皇室推崇的圣鸟。朱鹮常栖息在有溪流、沼泽及稻田的疏林地带，主要以小鱼、蟹、蛙、螺等水生生物为食。

独特的觅食方式

朱鹮觅食的时候，常常将长而弯曲的嘴不断地插入泥土和水中去探索，一旦发现食物，便会立即啄起来吃掉。休息的时候，它们喜欢把长嘴插入背上的羽毛中。它们的鸣叫声很像乌鸦。然而，除了起飞时偶尔鸣叫外，它们平时很少鸣叫。朱鹮飞行时头向前伸，脚向后伸，鼓翼缓慢而有力。它们在地上行走时，步履轻盈、迟缓，显得娴雅而矜持。

孤僻的性格

朱鹮性格孤僻而沉静，胆怯怕人，平时常单独或成对或结成小群活动。它们对生活环境的条件要求较高，只喜欢在幽静的环境中生活。

科普在线

朱鹮有一身白色的羽毛，面颊和腿呈朱红色，黑色的喙细长而向下弯曲，后颈部长着由几十根粗长的羽毛组成的柳叶形羽冠，披散在脖颈之上。

高贵端庄——天鹅

天鹅是一种美丽的水鸟，在世界各国都被人们当作纯洁、忠诚、高贵的象征。天鹅不但美丽优雅，还是飞高冠军呢，越冬迁飞时在几千米的高空组成斜线或"人"字形队列前进。它们喜欢群栖在湖泊和沼泽地带，主要以水生植物为食。

优美的"S"形

天鹅在水中滑行时常常将脖颈儿弯成非常优美的"S"形，显得高贵端庄，轻盈悠闲，带给人们美好的遐想。

对伴侣忠诚

天鹅是一种忠贞的鸟类，保持着一种难得的"终身伴侣制"。遇到敌害时，为了保护自己的巢穴、蛋和雏鸟，雄天鹅会拍打翅膀上前迎

天鹅长着优雅修长的脖颈儿，全身羽毛呈白色，嘴多呈黑色，上嘴部至鼻孔部是黄色的，尾短而稍圆。

敌，雌天鹅会迅速将蛋掩护起来，然后隐身于草丛中。天鹅忠于自己伴侣的方式很浪漫，不论是取食还是休息都成双成对。两只天鹅在水中游泳时，常常会将它们的脖子交错成一个心形。据说一对天鹅中如果有一只死亡，另一只就会终生独自生活。

不畏干旱——百灵鸟

百灵鸟是草原上一种非常常见的鸟类。干旱的草原能成为百灵鸟的家，可见百灵鸟适应干旱的能力很强。它们能够快速飞行到远处取水，而且可以以其独特的生理特性减少对水的需求。百灵鸟常栖息于干旱的山地、荒漠、草地或岩石上，主要以昆虫和草籽为食。

"草原上的音乐家"

百灵鸟是一种小型鸣禽，在广袤无垠的大草原上，常常此起彼伏地演奏着连音乐家都难以谱成的美妙乐曲，被称作"草原上的音乐家"。它们从平地飞起时，往往边飞边叫，由于飞得很高，人们往往只闻其声，不见其踪，因此它们也被称为云雀。百灵鸟的歌声不光是单个的音节，而且可以把许多音节串联成章。它们在歌唱时，又常常张开翅膀，跳起各种舞蹈，仿佛蝴蝶在翩翩飞舞。

 分辨雌雄百灵鸟

　　要想分辨出雌雄百灵鸟，只要注意观察就能找出两者的不同：成年雄百灵鸟全身的羽毛色泽比较深，在强光的照耀下能看到金属光泽，胸两侧的黑斑色深，静立时头略向上仰；雌百灵鸟的头部和颈部的羽毛色泽比较浅，与雄百灵鸟胸两侧的黑斑相比，雌鸟的比较浅。

 法律的保护

　　正是由于百灵鸟美丽的歌声和优美的舞蹈，才让它们成了一些唯利是图者的发财工具。无数百灵鸟被人类捕捉，成为人类的笼中玩物，很多在运输途中和牢笼之内死去了。现在百灵鸟已经成为我国国家二级保护动物，贩卖和捕杀它们都将受到法律的制裁！

　　百灵鸟的外形与麻雀非常相似，背部的羽毛呈花褐色或浅黄色，腹部为白色或深棕色，头顶上长有羽冠。

畅游水中的鱼

海洋杀手——大白鲨

鲨鱼在古代叫作鲛、鲛鲨、沙鱼，是海洋中的庞然大物。鲨鱼中最可怕的要数大白鲨，它们有着"噬人鲨"的恶名。大白鲨主要栖息于世界各大洋沿岸海域及近海大陆架及岛架水域，最喜欢捕食海豹、海狮，偶尔也会吃海豚、鲸鱼的尸体。

"白色的死神"

大白鲨作为海洋"杀手"，具有极其灵敏的嗅觉和触觉。它们可以嗅到1千米以外被稀释成原来浓度的1/500的血液的气味，

这为它们的捕猎行动提供了便利。大白鲨生性贪婪，什么都吃，即便吃得饱饱的，也不肯放过嘴边的食物。它们一旦向人发起攻击，就要酿成惨祸，所以人们把它们称为"白色的死神"。

大白鲨的牙齿和皮肤

大白鲨的牙齿背面有倒钩，猎物一旦被它们咬住就很难挣脱，非常容易导致猎物死亡。在所有鲨鱼之中，大白鲨是唯一一种可以把头部直立于水面上的鲨鱼，这赋予了它们在水面上寻找潜在猎物的优势。不光牙齿，就连它们的皮肤也是具有杀伤力的。因为

"鲨鱼皮"并不是光滑的，上面虽然没有鱼鳞，但是长满了小小的倒刺，比砂纸还要粗糙，猎物哪怕只是被它们撞一下也会鲜血淋漓。

大白鲨钢铁般的胃

大白鲨经常通过啃咬的方式去探索新鲜食物，还会将一切感兴趣的东西吞下肚去，如骨头、木块等。由于它们胃里有一层坚韧的壁，所以不会被异物弄伤。

科普在线

大白鲨的身体呈纺锤形，体长可达 12 余米。它们长有乌黑的眼睛、锋利的牙齿和双颚，还有一条新月形的尾巴。全身大部分呈白色，腹部呈灰白色，背部呈暗灰色。

京剧丑角——小丑鱼

小丑鱼是一种热带咸水鱼，其名字的由来和它们的外貌有关，但却不是因为长得丑陋，而是因为它们的面部有一条或两条白色条纹，好似京剧中的丑角，所以俗称"小丑鱼"。小丑鱼主要栖息在珊瑚礁或岩礁上，主要吃一些贝类，以及虾、血虫等。

小丑鱼的"好朋友"

因为小丑鱼喜欢生活在海葵丛中，是海葵的"好朋友"，所以它们又被人们称作海葵鱼。海葵是一种能释放毒素的海洋生物，很多海底鱼类因为害怕海葵触手上的毒刺，都会远远地避开它们，但是小丑鱼却能和海葵共同生活。原来小丑鱼体表有一种特殊的黏液，使它们不怕海葵的毒刺。其实，小丑鱼与海葵之间是一种共生关系。

 海葵的"免费清洁工"

　　生活在海葵丛中能够使小丑鱼避免受到其他大鱼的攻击，海葵吃剩的食物也可供给小丑鱼，小丑鱼还可以利用海葵的触手丛，安心地筑巢、养育后代。而小丑鱼的游动可避免残屑沉淀至海葵丛中，可以说小丑鱼是海葵的"免费清洁工"。

一家之主

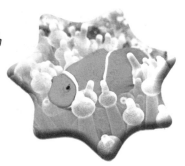

　　在小丑鱼的家庭中，鱼妈妈是一家之主。如果鱼妈妈遭受了意外，在短短的几个星期中，鱼爸爸就会变性，成为鱼妈妈！

 科普在线

　　小丑鱼长有背棘、臀棘、臀鳍，背部长有软条，前额与上侧面有白色的斑块，体表有一层特殊黏液。小丑鱼的条纹有各种各样的颜色，如橙白色、黑白色、黑红色等，令它们看起来非常鲜艳可爱。

自由飞翔——飞鱼

飞鱼生活在热带、亚热带和温带海洋里，在太平洋、大西洋、印度洋及地中海海域都可以见到它们飞翔的身姿。飞鱼凭借自己流线型的优美体形，在蓝色的海面上扑浪前进，时隐时现。飞鱼分布在全世界的温暖海域，主要以海洋中细小的浮游生物为食。

发达的胸鳍

飞鱼的长相很奇特，身体近似圆筒形。它们虽然没有昆虫那样善于飞行的翅膀，也没有鸟类那样搏击长空的双翼，可是它们有非常发达的胸鳍，长度相当于身体的2/3，看上去有点儿像鸟的翅膀，并向后

伸展到尾部。它们的腹鳍也比较大，可以用来辅助滑翔。它们的尾鳍呈叉形。

跃水飞翔的技能

在长期的生存竞争中，飞鱼形成了一种十分巧妙的逃避敌害的技能——跃水飞翔。这种技能可以帮助飞鱼暂时离开危险的海域，以躲避敌害的攻击。它们的这种"飞行"其实只是一种滑翔。科学家们用摄影机揭示了飞鱼"飞行"的秘密，发现飞鱼实际上是利用它们的尾巴猛拨海水起飞的。飞鱼在出水之前，先在水面下调整角度快速游动；快接近海面时，将胸鳍和腹鳍紧贴在身体的两侧，然后用强有力的尾鳍左右急剧摆动，划出一道锯齿形的曲折水痕，使其产生一股强大的冲力，促使身体像箭一样突然破水而出；出水后，飞鱼立即张开又长又宽的胸鳍，迎着海风滑翔飞行。当风力适当的时候，飞鱼能在离水面几米的空中飞行几百米，是世界上飞得最远的鱼。

飞鱼背部的体色比较暗，腹侧呈银白色，胸鳍有各种颜色，如暗黄色或淡黄色等，鳍硬且呈翼状，两颌有细齿，鼻孔紧位于眼边，臀鳍位于身体后部。

发射电波——电鱼

在鱼类王国里，有一类会发电或会发射无线电波的鱼，人们称其为电鱼。目前人们发现的身体内部长有发电器官的鱼类有几百种，其中放电本领比较强的当数电鳐。电鱼主要分布在温带和热带海域以及非洲和南美洲混浊的河流内，它们非常喜欢吃各种动物腐烂或半腐烂的尸体。

电鱼不会电到自己的原因

电鱼在产生强大电压的时候，是不会电到自己的。关于这个问题，一起来看个例子就明白了。例如电鳐，它们的肌肉之中密布着许多紧密相连的细胞，而且每个这样的细胞都好比一个变压器，可以产生一个电压。当连接在一起的细胞都产生微小电压时，就会串联形成很高的电压。这样看来，电鳐在产生电压的时候不会电到自己也就不足为奇了。

电鱼家族中的强者

不同种类的电鱼，放电的本领也不相同。在众多电鱼中，根据放电能力的强弱，排在前三位的依次是电鳐、电鲶和电鳗。

电鳐的发电器与扁平的肾脏非常相似，位于其身体中线两侧，共有200万块电板；电鲶的发电器起源于某种腺体，位于其皮肤与肌肉之间，约有500万块电板；电鳗的发电器呈菱形，位于其尾部脊椎两侧的肌肉中。

电鳐很好辨认，其背部和腹部扁平，头和胸连在一起，呈椭圆形；眼睛小小的，长在背侧；尾巴长长的，整个儿看起来像一把团扇。

形如蝴蝶——蝴蝶鱼

蝴蝶鱼俗称热带鱼，是近海暖水性小型珊瑚礁鱼类，因形态像蝴蝶而得名。若是在珊瑚礁鱼类中选美的话，那么最富绮丽色彩和最惹人喜爱的当属蝴蝶鱼了。有的蝴蝶鱼主要食用浮游动物，有的只吃水螅虫，有的则啄食藻类。

蝴蝶鱼的伪装术

蝴蝶鱼的体表有大量色素细胞，在神经系统的控制下，可以展开或收缩，从而使其身体呈现不同的色彩。有的蝴蝶鱼改变一次体色要几分钟，而有的仅需要几秒。蝴蝶鱼有极巧妙的伪装术，它们常把眼睛藏在头部的黑色条纹中，而在尾柄处或背鳍后留有一个非常醒目的伪眼，使

捕食者误认为伪眼处是其头部，从而为自己争取逃跑的机会。

一夫一妻制

科学家经过观察发现，蝴蝶鱼是"一夫一妻制"的种类，对爱情忠贞专一，大部分都成双入对。当一尾进行摄食时，另一尾就在其周围警戒，好似陆生鸳鸯，成双成对地在珊瑚礁中游弋、戏耍，总是形影不离。

科普在线

蝴蝶鱼体形比较小，数量较少，身体扁而高，口小，腭骨无齿，体色鲜艳美丽。

形如旗帜——旗鱼

旗鱼又称芭蕉鱼，它们那高大而柔软的背鳍看上去就像是一面迎风招展的大旗，可以自由折叠伸展，所以被人们称为"旗鱼"。它们分布于热带和亚热带海域，一般居住在温水层上面，主要以鲹鱼、乌贼、秋刀鱼等为食。

游泳健将

旗鱼是海洋中游得最快的鱼，平均时速为90千米，短距离的时速约为110千米，吉尼斯世界纪录中记载旗鱼的最高速度达到了时速190千米，真称得上是海洋中的"游泳冠军"了！它们

游泳时喜欢浮游在水的表层，旗状背鳍和镰刀形的尾鳍常露出水面。

旗鱼不仅游泳敏捷迅速，而且是一种性情凶猛的食肉性鱼类。它们捕杀别的海洋鱼类时，凭着锋利的长吻和极快的游速冲入鱼群，大肆追杀它们。

极强的攻击力

旗鱼具有极强的攻击力，它们那尖长的喙非常坚硬，像一把骨质的利剑。有资料记载，曾经有一艘满载石油的轮船，遭到了旗鱼的攻击。旗鱼用利剑般的尖长喙刺穿了油轮的钢板，在船身戳出一个个大窟窿，顷刻间，海水从这些大窟窿涌进轮船，船员们一度以为遭到了导弹的袭击，后来才发现是遭到了旗鱼的攻击。

科普在线

　　旗鱼的身体呈流线型，身长数米，尾部呈"八"字形分叉，眼圆口大，上吻突出而尖长，形如一柄锋利的长剑，青褐色的身躯上有灰白色的斑点，有柔软高大的背鳍。

千奇百怪的昆虫

团结一致——蚂蚁

蚂蚁是人们生活中最常见的动物之一，它们主要生活在地下。蚂蚁非常喜欢吃甜的东西，比如蜂蜜、糖等。它们常常排成整齐的队伍前进，齐心协力地把很大的食物搬回巢穴。

特殊的生活习性

从生活习性来看，蚂蚁是标准的社会性昆虫，蚁群中有着严格的分工：蚁后是蚁群的统治者，整个蚁群都是由它繁殖起来的；兵蚁负责打仗，保护蚁穴，有时还

科普在线

蚂蚁的体形较小，有的蚂蚁有翅，有的无翅，有黑色、褐色、黄色、红色等颜色，体壁光滑或有微毛，有咀嚼式口器，上颚发达，触角分节。身体可分为头、胸、腹三部分，有6条腿。

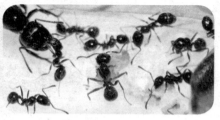

搬运大型猎物；工蚁除负责筑巢和寻找食物之外，还要抚养下一代。所有的兵蚁和工蚁均为雌性，但它们没有生育能力。

强大的认路本领

蚂蚁有着出色的认路本领，它们能靠触角来探明前方物体的方位、形状、高矮、大小以及硬度等情况。它们还会在经过的路面留下特有的气味，在返回途中，只要找到这种气味，就不会迷路了。蚂蚁的活动呈现周期性，分为驻扎期和游猎期。驻扎期间，工蚁们用自己的身体抱成团状，做成一个临时巢穴，蚁后会在这期间产卵。到了游猎期，它们会在将近两周的时间内白天迁移和猎食，夜间宿营。游猎中的蚁群具有惊人的杀伤力，它们所向披靡，几乎能消灭任何比它们跑得慢的动物。

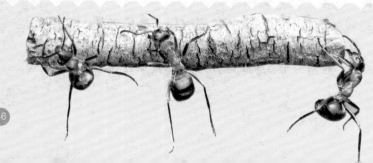

携带病菌——苍蝇

一到夏天，苍蝇就开始多了起来。它们会分布在每一个角落，是一种非常惹人讨厌的昆虫。

不会生病

苍蝇喜欢吃脏东西，身上携带着大量病菌，但它们却不会生病。这是因为，病菌无法在苍蝇的消化道内长时间生存。有科学家认为，苍蝇的体内能分泌一种"抗菌活性蛋白"，它能够将消化道内的一部分病菌杀死，而其余的病菌则被排出体外。还有科学家认为，苍蝇的进食方式是"一边吐，一边吃，一边排泄"，在7~11秒内将营养物质全部吸收完毕，与此同时又将废物连同病菌迅速排出体外，在细菌繁殖子孙、制造疾病之前

就已经将其逐出体外。所以，苍蝇虽携带着病菌，还吃有病菌的脏东西，却不会生病。

喜欢搓脚的苍蝇

当苍蝇停在食物上时，总是会不停地搓自己的脚。这是因为，苍蝇的味觉器官不是长在头上，而是长在脚上。当苍蝇飞到食物上时，得先用脚上的味觉器官去品一品味道，然后再用嘴去吃。这样一来，它们脚上就会沾满各种食物，既不利于飞行，又不利于品尝东西，所以，苍蝇必须把脚搓来搓去，以便清除脚上的脏东西，保持飞行和味觉的灵敏性。

苍蝇为小型或中型昆虫，前翅膜质，用来飞翔，后翅为平衡棒，触角很短，有 2 只复眼和 3 只单眼，口器为舔吸式。

 有着强大的吸附力

　　苍蝇站在玻璃上不会滑下去，这是因为苍蝇的脚上长着肉垫。当它贴在平面上时，肉垫和平面之间会形成真空，这样肉垫便被牢牢地吸住了，所以苍蝇在光滑的玻璃上或天花板上无论怎样爬来爬去，都不会掉下来。

 苍蝇越冬的方式

　　苍蝇越冬的方式比较复杂，且形式比较多，它们既能以蛹态越冬，也能以蝇蛆、成虫等方式越冬。在我国北方地区，由于冬天气候比较寒冷，所以在自然界中基本上看不到活动的家蝇，但是在人工养殖成蝇的室内能够见到它们。在江南地区，由于气候比较适宜，所以苍蝇能够以蛹态越冬。

勤劳使者——蜜蜂

我们总是夸有些人像小蜜蜂一样勤劳，这是因为蜜蜂是世界上最勤劳的动物之一。蜜蜂一般生活在冬暖夏凉且基本上没有人和牲畜打扰的区域。

各司其职

在蜜蜂社会里，有蜂王、工蜂和雄蜂三种类型的蜜蜂，其中数量最多的要数工蜂。整个蜜蜂族群以蜂王为中心，分工严密，各司其职。蜂王产卵时，工蜂负责伺候。雄蜂在春天出现，与蜂王交配后，进入夏天就完成使命死去。工蜂要忙碌整个夏天，它们个体较小，没有生育能力，天生的职能就是采集花粉与花蜜、酿蜜、饲喂幼虫和蜂王，并承担筑巢、清洁蜂房、调节巢内温度与湿度以及抵御敌害等工作。每只工蜂的任务按照日龄的增长而改变。

传递信息的舞蹈

　　工蜂之间传递信息的方式非常有趣，它们通过扇动翅膀，用不同的舞姿来表达不同的信息。当它们用翅膀或腹部振动，以"8"字形路线飞行，是通知同伴们有蜜的花丛在较远的地方，沿着哪个方向走能够到达；用画圆圈的方式向前飞行，则是说明有蜜的花丛就在附近。

建筑大师

　　出生12～19天的工蜂会发育出8个蜂蜡腺体，它们用带毛刷的后腿蜡腺体抓取蜡片，用嘴把蜡片咀嚼成蜡球。蜡球经过一只只工蜂传给专门负责筑蜂房的工蜂，建房的工蜂用

上颚将蜡球碾轧成厚度仅0.073毫米的房壁。数学家们通过研究组成巢房的六角形房壁的数量、蜡片的重量、容纳蜜蜂的数量，惊讶地发现，蜜蜂所筑的巢房具有高度的准确性和科学性，

能用最少的蜡让巢房装下最多的蜜。因此，蜂巢已成为建筑仿生学的重要研究对象。由于蜂巢结构具有材料质量轻、强度大、隔热、隔湿和隔音等特点，现在已经广泛应用在飞机、火箭和建筑等的设计中。

酿蜜大师

　　蜜蜂从植物的花朵中采集含水量约为80%的花蜜或分泌物，将其存入自己的第二个胃中，在体内转化酶的

作用下，经过短时间的发酵，回
到蜂巢后吐出。由于蜂巢内的
温度经常保持在35℃左右，
经过一段时间，这些吐出物
的水分蒸发，成为水分含量
少于20%的蜂蜜，再存储到
巢房中，用蜂蜡密封。

蜜蜂的"武器"

　　蜜蜂的尾端有一根与内脏相连的"毒针"，这根
"毒针"是它们自卫的武器，尖端有倒刺，一旦扎进人
的皮肤，就无法拔出来。当蜜蜂蜇了人飞走时，就会把
"毒针"和一部分内脏留下来，而它不久后便会死去。

科普在线

　　蜜蜂的体长为 8 ~ 20 毫米，体色为黄褐色或黑褐色，
头宽腰细，前翅大而后翅小，体表长有很密的绒毛，腹末有
螫针，后足为异化的携粉足。

眼睛最多——蜻蜓

夏秋季节，每当下雨之前或雨后初晴，天空中常常可以看到五颜六色的蜻蜓。它们有着大大的眼睛、透明的翅膀和纤细的身体，飞舞的姿态既轻盈又优雅，是自然界中难得的"美人"。蜻蜓主要栖息在潮湿的环境下，如池塘或河边，其幼虫在水中发育，主要以苍蝇、叶蝉、蚊子、虻蠓类及小型蝶蛾类等农业害虫为食，是有益于人类的一种昆虫。

飞行小能手

蜻蜓号称"空中小霸王"，每当看到猎物，它们会闪电般地飞过去，把它们的6条腿合拢成一只"小笼子"，把猎物牢牢地困在里面。而且，蜻蜓就像一架轻巧灵活的小飞机，它们不仅飞得高、飞得快，而且还能做许多高难度的动作，如侧飞、倒飞等，还可以稳稳地悬停在半空中，实在是飞行小能手！如果你留心观察的话，就会发现蜻蜓多半是停留在枝头或树叶顶。这是因为它们在休息时，翅膀仍旧外伸，也就是说，它们不会像鸟类那样折叠翅膀，所以停留的地方需要有一定的空间。

引人注目的眼睛

蜻蜓最引人注目的是它们头上那双大眼睛，这双眼睛是由许多个小眼睛构成的复眼，蜻蜓也因此成了自然界中眼睛最多的昆虫。蜻蜓复眼的上半部分专门看远处，下半部分则负责看近处，所以蜻蜓看东西的速度特别快。昆虫的眼睛大多不能转动，但蜻蜓的眼睛能随颈部自由活动，就像自带雷达一样，有利于迅速发现猎物和敌人。

蜻蜓点水

每当下雨之前或雨后初晴，常常可以看到五颜六色的蜻蜓在低空盘旋。它们一会儿疾飞，一会儿滑翔，一会儿轻扇四翼停留在天空，一会儿又在水面轻盈地"点

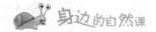

水"，飞行技艺极其高超。蜻蜓点水，并不是蜻蜓闲来无事在戏水，而是它们在产卵。蜻蜓的卵是要在水里孵化的，幼虫也是在水里生活的，池塘中的孑孓就是蜻蜓幼虫赖以生存的食物。我们称蜻蜓的幼虫为"水虿"。当蜻蜓开始产卵时，会不断地贴近水面，一次又一次把尾部插入水中，每点一次就产一些卵，然后再飞起来，所以在旁观者看来蜻蜓似乎在玩耍，其实它们是在为繁殖下一代忙碌呢。

预测天气

蜻蜓还能预兆天气的阴晴呢！正常天气情况下，蜻蜓常栖息在近水的树丛或芦苇中，较少出来；每当蜻蜓成群在低空飞舞时，则预示着将有阴雨天。

科普在线

蜻蜓一般体形较大，眼睛大而突出，有长而窄的翅膀，腹部细长，呈圆筒形。

色彩斑斓——蝴蝶

五彩斑斓的蝴蝶广受人们的喜爱，它们在花丛之中翩翩飞舞、吸食花蜜的样子美丽极了。尤其是凤蝶，翅膀上有红、黄、蓝、黑、白等颜色，五彩缤纷，构成多姿多彩的斑纹，发出金属般的光泽，是最美丽的蝴蝶种类之一。蝴蝶成虫主要以花蜜、果汁、树液、饴糖或发酵物为食，大多数蝴蝶栖息于寄主植物的叶面或枝条上。

美丽的"彩衣"

蝴蝶身上的色彩和图案主要归功于覆盖于蝶翅上的粉状物。看上去,蝴蝶仿佛穿了件美丽的彩衣,可是,这件"彩衣"极为脆弱,用手指轻碰一下,翅上的粉状物就会脱落。事实上,粉状物为扁平囊状物,被称为鳞片。鳞片在翅面上的排列十分有规律,每块鳞片都有其颜色。正是因为这五颜六色的鳞片及其排列方式,才使蝴蝶的身体有了五彩缤纷的颜色和美丽的图案。在鳞片表面还有几十条到1000多条横着的脊纹,这些脊纹具有很好的折光性能。在阳光的照射下,鳞片就会呈现不同的光芒和色彩,蝴蝶的翅膀就显得更加美丽夺目了。

"彩衣"的用处

蝴蝶美丽的"彩衣"可以供人们观赏,对它们自己来说则具有三种实用的功能:其一,能调节体温。气温升高时,鳞片会自动张开,通过改变太阳光照射的角度

蝴蝶有长圆柱形的身体,分为头、胸、腹三部分,翅膜上覆有鳞片及毛,进而形成了各种色彩的斑纹,头部有一对棒状或锤状触角。

来散热；而气温下降时，鳞片会紧贴在体表，让阳光直射在鳞片上，以吸收更多的太阳能。其二，有助于同伴之间的交流和求偶，这是大部分动物的"彩衣"的共同功能。其三，"彩衣"上的色彩和图案可起到伪装、威吓的作用，从而使蝴蝶免遭天敌的伤害。

蝴蝶迁徙的谜团

迁徙飞行是某些种类的蝴蝶所具有的一种特性。每次参加飞行的蝴蝶都有成千上万只，一般只有单一种类的蝴蝶，有时也有两三种蝴蝶的"混合编队"。它们迁徙的距离不等，短的百八十千米，长的可以横渡大洋，做"国际旅行"。例如：1935年，曾有大群蝴蝶从墨西哥飞迁到加拿大和阿拉斯加，行程达4000千米。还有一次，数万只粉蝶从南美的委内瑞拉陆地飞向大洋，浩浩荡荡，一望无际，场面极其壮观。那么，蝴蝶为什么会飞向大洋呢？是去传播花粉，还是去觅食、游览？这至今仍是昆虫学界的一个谜。

性情残暴——螳螂

螳螂是一种体形较大的昆虫，它们都长着一对威风凛凛的"大刀"——前腿，因此又被称为刀螂。它们捕食猎物的速度非常快，并且百发百中，因此它们又被称为

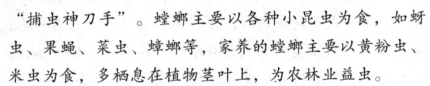

"捕虫神刀手"。螳螂主要以各种小昆虫为食，如蚜虫、果蝇、菜虫、蟑螂等，家养的螳螂主要以黄粉虫、米虫为食，多栖息在植物茎叶上，为农林业益虫。

超强的战斗力

螳螂号称昆虫界的"暴君"，不仅是因为它们的体形硕大、战斗力惊人，更是由于螳螂残暴的性情。即使是它们自己的家族成员和"晚辈"

也一定要时刻留心，否则就有被吃掉的危险。但是在古希腊，人们却将螳螂视为先知，因为螳螂举起前臂的样子像祈祷的少女，所以螳螂又被称作"祈祷虫"。

 雌螳螂吃雄螳螂

　　雌螳螂吃掉雄螳螂，是昆虫生态学中一个非常有名的现象。秋天是螳螂延续后代的季节，但是雌螳螂在交配中可能会吃掉雄螳螂，这种状况在实验室中最容易发生。一些研究人员推测，雌螳螂此举是为了保证生育出健壮的后代，但是更多研究者认为在雌螳螂饥饿时才会出现吃掉"丈夫"的情况，因为螳螂对自己的同类也是非常残暴的。因此，如果雌螳螂摄取的食物中含有极为充分的蛋白质，就不一定会把雄螳螂吃掉。根据科学家

　　成年螳螂一般体长6厘米左右，头部呈三角形，有一对大复眼及3个小单眼，头上长有两根细触角，胸部有两对翅，前足粗大并且呈镰刀状。

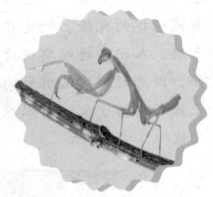

研究，中国最常见的中华大刀螳螂交配后吃掉雄螳螂的概率为百分之十几，也就是说大部分的雄螳螂是能够避免被"妻子"吃掉的。

螳螂的伪装术

螳螂是有名的"伪装者"，它们身体的颜色与环境相似，夏天是绿色的，到了秋天就变成了黄褐色。为了伪装自己，某些种类的螳螂的外形就像一朵花，使它们既不易被猎物发现，也不易被鸟类等捕食者发现。

田间益虫——瓢虫

瓢虫是一种很漂亮的昆虫，身上披着色彩鲜艳的外壳，上面点缀着各种各样的斑点，难怪有个绰号叫"花大姐"。大多数瓢虫以蚜虫和介壳虫为食，能够保护庄稼。它们经常出没于田间、花园里，或在树间飞舞，或在花茎上爬行，或在叶片下面休息，看起来悠然自得。

逃生技能

瓢虫虽然一般只有黄豆大小，但是许多强敌都对它们无可奈何。遭到袭击时，瓢虫的脚关节能分泌出一种带有辣臭味的黄色液体，闻到这种气味的敌人往往会仓皇逃走。而且，一旦受到外界的突然刺激，瓢虫还会立即从树上落到地下，脚缩拢在肚子底下，一动不动

地躺在地上装死，它们的逃生手段还真不少！很少有人知道，瓢虫还是游泳和潜水的能手呢！把一只瓢虫投放进水中，它不仅能在水面上游泳，还能潜入水中自由行走。出水之后，瓢虫会在阳光下打开鞘翅，晒干后飞走。

受欢迎的七星瓢虫

瓢虫中的七星瓢虫是一种益虫，人们非常喜欢它们，但是瓢虫中也有少数吃植物的害虫。一般来说，瓢虫背上有两层翅膀，上层是坚硬的鞘翅，下层是有薄膜的软翅。鞘翅上闪着光，亮晶晶的，

科普在线

瓢虫的身体呈半球形，体色多为鲜艳的黄色、橘色或红色，多数有黑色或黄色斑点。

是有益的瓢虫；鞘翅上有密集绒毛的，是有害的瓢虫。有趣的是，益、害瓢虫之间各有各的地盘，互不干扰。其中，最著名的益虫当然是七星瓢虫了，它们背上有7个黑色斑点，喜欢成群地迁飞，在土石块下、墙缝内越冬，一年繁殖多代。它们多产卵于有蚜虫的植物上，以棉蚜、麦蚜、菜蚜、桃蚜、槐蚜、松蚜、杨蚜等为食，是害虫的天敌。为了防治棉花和小麦上的蚜虫，人们一开始用助迁法将七星瓢虫诱捕到箱子里再放到田间，后来就出现了人工养殖七星瓢虫的方法。七星瓢虫的成虫寿命约为80天，在这期间它们会吃掉上万只蚜虫，难怪被称为"活农药"呢！

夜间活动——飞蛾

飞蛾的外形与蝴蝶类似，都属于鳞翅目，但是色彩相对暗淡很多，而且多在夜间活动。飞蛾幼虫主要以植物的叶子为食，成虫无法咀嚼食物，主要使用类似吸管的长型口器吮吸树汁、花蜜等。

农业害虫

多数飞蛾幼虫都是危害庄稼的害虫，人们当然不喜欢它们了。例如，发虫面积大、危害时间长、防治困难的小菜蛾，已经逐渐取代菜青虫成为蔬菜第一号害虫；玉米螟俗称钻心虫，它们的幼虫为杂食性，可危害200多种植物，是农业生产上的大害虫之一；棉铃实夜蛾也叫棉铃虫，主要危害形式是蛀果，它们是番茄的大害虫，还危害棉花、玉米、小麦、大豆、辣椒、茄子、芝麻、向日葵、万寿菊、南瓜、苜蓿、苧麻等。

飞蛾扑火

　　夏夜，如果在稻田、露天旷野或农村小屋点上火把或一盏灯，就会有许多飞蛾和其他昆虫飞来。飞蛾的举动最为"疯狂"，有的绕光飞舞，有的直扑到火苗上，葬身火中，这一举动完全是趋光性的表现。原来，飞蛾是利用月光"导航"的。它们在夜间飞行的时候，只有让月光从一定的角度射到自己的眼睛里，才能找准前进的方向。飞蛾等昆虫看到灯光时，常常错误地把灯光当作月光，并借此来辨别方向。由于灯光的强度和投射角度与月光大不相同，飞蛾便神魂颠倒，变得糊里糊涂起来，像陷入了迷魂阵一样，忙得团团转。最后，它们常因体力不支而双翅扑火，一命呜呼。人们从飞蛾的趋光性得到启发，制造了一种诱虫灯，在无月的夜晚将其置于田头，让一些农业害虫自投罗网，一举诱杀它们。

飞蛾扑火的启示

导弹专家从飞蛾扑火中得到启示，研制成自动控制的远程导弹。这种导弹的头部安装了由光电仪器和望远镜组成的类似飞蛾那样的"眼睛"，选好航线后，让"眼睛"以一定的角度对准一颗明亮的恒星。导弹发射后，就沿着预定的航线前进。万一导弹偏离了航向，星光的投射角度就会随之发生变化，这时"眼睛"中的光电仪器便会把这种偏差立即反映给导弹的"电脑"，由"电脑"计算出精确的角度，然后命令操纵舵修正航向，使导弹回到正确的航行轨道上来。没想到，飞蛾这种可恶的害虫还能给人这么大的启示呢！

飞蛾是一种外形似蝴蝶但触角多为丝状或羽毛状，色彩较暗淡，全身布满鳞片的昆虫。飞蛾成虫的翅膀、躯体及附肢上长有鳞片，口器为虹吸式或已退化；飞蛾幼虫呈蠋形，口器为咀嚼式，身体各部分长有分散的刚毛或毛瘤、毛簇、枝刺等。卵多为圆形、半球形或扁圆形。

性格孤僻——蟋蟀

蟋蟀俗称蛐蛐儿、秋虫、促织等，是一种非常古老的昆虫。它们生性孤僻，是独居者，通常一穴一虫，只有到了繁殖季节才会与异性同居。蟋蟀喜居于阴凉和食物丰富的地方，多生活在潮湿的田野、山坡、乱石堆和草丛中，常在夜间出来觅食，能吃各种作物、树苗、菜果等。

 ## 蟋蟀发出声音的"秘密"

蟋蟀没有声带，但是在它们的腹背上面，接近直翅的基部有一对发音器，形状是半圆形的。那是一块坚韧并且半透明的

油黑色薄膜，当蟋蟀振动翅膀的时候，体内鼓足的气体从发音器迅速地流出，通过发音器的薄膜振动，再加上两翅的扇动，从而使翅膀与腹面的接触处不断地发出共鸣，由此蟋蟀便发出了不断变化的音符。

喜欢打架

蟋蟀爱打架在昆虫界是出了名的。一到秋天，两只蟋蟀狭路相逢、大打出手的事儿经常发生。正是这种争强好斗的性格和精彩的打斗"表演"，牢牢抓住了喜欢观看竞技比赛的人们的眼球。早在2000多年前，我们的祖先就开始养蟋蟀、斗蟋蟀了。这种风俗最早出现在农民为庆祝丰收而举行的庆祝活动中。人们丰收了当然很高兴，就要找点儿乐趣，他们就捉了蟋蟀，在地上挖一个圆圆的坑，然后把蟋蟀放到一起使之开始打斗。后来斗蟋蟀的风气传到了皇宫里，明朝的宣德皇帝就酷爱斗蟋蟀，民间为了进贡一只蟋蟀而倾家荡产、家破人亡的不在少数。为什么蟋蟀在秋天格外好斗呢？原来，每当秋收来临之时，特别是中秋前后，正是蟋蟀发育成熟、身体最强壮的时候。这时的蟋蟀打起架来，都跟参加拳王争霸赛一样卖力气。

神奇的叫声

蟋蟀的鸣叫声与其生命活动的各个阶段有密切的关系，不同的鸣叫声所代表的意思也不相同，有可能表示求偶、生殖、格斗、占巢等意思。

科普在线

蟋蟀的体色多为黑褐色，体形多呈圆桶状，有粗壮的后腿，头圆，胸宽，触角细长，有的大颚发达，强于咬斗。

夏日歌者——蝉

炎炎夏日，连绵不断的蝉鸣总是伴随着人们，蝉似乎成了夏日必不可少的歌唱家。蝉又名知了，是一种常见的昆虫，每逢夏秋季节，树上的蝉就会"知了，知了"地叫个不停，是自然界中最不知疲倦的歌者。蝉主要栖息于温带及热带地区的沙漠、草原和森林，主要吸食植物的汁液，家养的蝉可食用杨树、榆树、桃树、柳树、苹果树等树木的嫩枝。

卖力歌唱

蝉之所以这么卖力地唱歌，都是为了吸引雌蝉。雌蝉是不会唱歌的，所以雄蝉特意通过唱歌来吸引雌蝉的注意。但是它们的鸣叫不是从嗓子里发出的，而是从腹部发出的。雄蝉的腹部有一对鸣器，由镜膜和鼓膜组成，当膜内发音肌收缩时，便产生声波，发出嘹亮的声音。不过鸣器只有雄蝉才有，雌蝉没有，所以只有雄蝉才叫，雌蝉是不发声的。

蝉的寿命

很多人都会为蝉短暂的生命而发出感叹，因为蝉在阳光下歌唱一个月就死去了。其实，蝉在昆虫中是寿命很长的一种，只不过它们大部分时间都在地下生活而已。夏天，蝉产卵后一周内即死去，雌蝉会把卵产在植物新生的枝条上，每处产卵30～50粒，一只雌蝉可产卵300～700粒。雌蝉

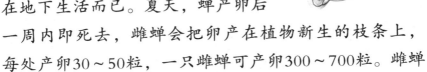

蝉有两对膜翅，头部宽而短，具有明显突出的额唇基，复眼位于头部两侧且分得很开，有3只单眼，触角较短，呈刚毛状，口器细长，属于刺吸式。

产完卵后，用前足上的锯齿将枝条的韧皮部挫伤，伤口上部的枝条不久即枯萎。待冬季来临时，寒风便将枯枝自伤口处折断，枯枝便连同卵粒落到地面。卵经过一个月左右即孵化，孵化后若虫掉落到地面，便自行掘洞钻入土中栖身。在土中，它们要经过漫长的幼虫期，利用善于掘土的前足钻入树根，以树根汁液为生。蝉需要蜕皮5次，才进入老熟期。到了夏季多雨季节，幼虫会挖个垂直的洞，趁天色暗淡时钻出地面，爬上树干，通过"金蝉脱壳"，蜕下幼虫时期的外壳，变成成虫。它们脱壳时会徐徐爬上树干，然后壳自头胸处裂开，翅膀也需要施展、干燥，整个羽化过程需1～3个小时。

照明灯盏——萤火虫

夏天的夜晚，我们经常能在草丛中看到一些发光的小虫子，它们仿佛是打着灯笼的小精灵，这些小虫子就是萤火虫。萤火虫发出的光不止一种颜色，不同种类的萤火虫会发出不同颜色的光，主要有红色、绿色、黄色、橙红色等。萤火虫依其生活环境分为水栖和陆栖，水栖萤火虫蛹期主要在水旁度过，成虫则主要生活在开阔水域及水边的植物上，其幼虫主要以螺类为食；陆栖萤火虫幼虫多生活在遮蔽度高、草本植被茂盛、相对湿度高的地方，主要以蜗牛、蛞蝓为食。

发光的秘密

萤火虫发光的能力
与萤火虫的身体构造有
关。萤火虫的腹部生有
专门的发光细胞，这些
发光细胞内含有的荧光
素能在萤光素酶的催化
下，与空气中的氧气发
生一系列生化反应，在

这一反应过程中所产生的能量，大多以光的形式释放出
来，因此萤火虫就能发光了。萤火虫发出的光并不是无
意义的，萤火虫可以通过"灯语"来"交流"，互相传
递、沟通信息。

科普在线

萤火虫一般体形较小，眼睛呈半球形，头顶上长有一对
颚，弯起来像一把钩子，"钩子"里有条钩槽。萤火虫的"钩
子"像头发丝一样细，很尖利，如同注射器的针头，叫作口针。
萤火虫的身体扁平细长，前胸背板特别长，像头盔一样保护
着头部。

雌雄萤火虫

通常情况下，雄性昆虫与雌性昆虫都长得比较相似，只是体形略有不同，但萤火虫是个例外。雄性萤火虫双翅轻盈，能在空中翩翩起舞；雌性萤火虫的双翅却大多已经退化，无法飞行。虽然雌性萤火虫无法飞行，但每到繁殖季节，雄性萤火虫会以特殊的方式向雌性萤火虫"示爱"。每到夜晚，雄性萤火虫就会点亮"灯盏"，在草叶上一闪一闪地向雌性萤火虫传达"爱意"。如果得到雌性萤火虫的强烈回应，雄性萤火虫就会"心花怒放"，迅速飞向雌性萤火虫。

保护萤火虫

近年来，城市和农村的开发，严重影响了萤火虫的栖息地和生活环境，最终导致自然界中萤火虫的数量急剧下降。此外，农药、化学药剂的污染，人类生活废水的随意排放，孩子对萤火虫的热爱导致家长大量捕捉萤火虫等，也都是造成萤火虫数量逐渐减少的重要因素。

　　萤火虫是反映生态环境的重要生物指标。对此，我们应该意识到保护环境和保护萤火虫的重要性，积极参与到保护萤火虫和生态环境的行列中来。

有趣的
哺乳
动物
YOUQUDE
BURU
DONGWU

身边的自然课

宋　飞◎主编

应急管理出版社
·北京·

图书在版编目（CIP）数据

有趣的哺乳动物／宋飞主编． -- 北京：应急管理出
版社，2023

（身边的自然课）

ISBN 978 - 7 - 5020 - 9425 - 6

Ⅰ. ①有⋯　Ⅱ. ①宋⋯　Ⅲ. ①哺乳动物纲—儿童读物
Ⅳ. ①Q959.8 - 49

中国版本图书馆 CIP 数据核字（2022）第 129770 号

有趣的哺乳动物（身边的自然课）

主　　编	宋　飞	
责任编辑	高红勤	
封面设计	天下书装	

出版发行　应急管理出版社（北京市朝阳区芍药居 35 号　100029）
电　　话　010 - 84657898（总编室）　010 - 84657880（读者服务部）
网　　址　www.cciph.com.cn
印　　刷　天津泰宇印务有限公司
经　　销　全国新华书店

开　　本　880mm×1230mm$^1/_{32}$　印张　10　字数　200 千字
版　　次　2023 年 2 月第 1 版　2023 年 2 月第 1 次印刷
社内编号　20220272　　　　定价　68.00 元（共四册）

形状像小喇叭的牵牛花为什么只在早上开花？鹦鹉为什么能模仿人说话？可爱的大熊猫为什么喜欢吃竹子？火焰山真像《西游记》中写的那样热吗？……

在自然界中，我们身边这些看似熟悉的植物、动物、景观，其实蕴藏着各种鲜为人知的秘密。不管身处怎样的环境中，它们都用自己独特的存在方式展现着大自然的美妙，与我们相依相伴。

为了让孩子们对身边的大自然有更深刻、更具体的认识，我们精心编写了这套《身边的自然课》丛书。本套丛书从"有趣"的角度，介绍了花草树木、飞鸟鱼虫、哺乳动物、自然奇观等方面的知识，内容丰富，不仅能满足孩子们的求知欲，还能解答孩子们心中的疑惑。同时，书中还配有相应的插画与实物图，方便孩子们识别和记忆，可以让孩子们在增长知识、开阔视野的同时，提高观察力与想象力。

赶快打开这本书，让孩子们在轻松的阅读氛围中与大自然成为朋友吧！

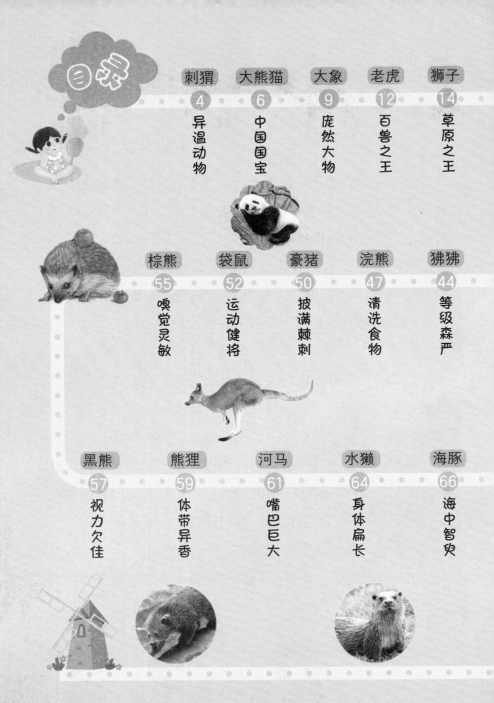

目录

刺猬
4
异温动物

大熊猫
6
中国国宝

大象
9
庞然大物

老虎
12
百兽之王

狮子
14
草原之王

棕熊
55
嗅觉灵敏

袋鼠
52
运动健将

豪猪
50
披满棘刺

浣熊
47
清洗食物

狒狒
44
等级森严

黑熊
57
视力欠佳

熊狸
59
体带异香

河马
61
嘴巴巨大

水獭
64
身体扁长

海豚
66
海中智兽

猎豹
16
短跑冠军

花豹
18
林中恶霸

狼
21
凶狠狡诈

长颈鹿
24
陆地最高

斑马
27
黑白条纹

骆驼
30
沙漠之舟

大猩猩
41
捶胸咆哮

金丝猴
39
毛色金黄

松鼠
37
啃食松果

牦牛
35
高原之舟

藏羚羊
33
珍稀动物

海象
68
体色多变

虎鲸
70
海上霸王

蓝鲸
72
体积最大

北极熊
74
北极霸主

北极狐
77
雪地精灵

异温动物——刺猬

刺猬又名刺球、刺团、毛刺，是生活中常见的一种小型哺乳动物，经常出没于公园、花园、小院里。刺猬主要栖息于山地森林、草原和灌木丛等地，白天通常待在巢穴中，晚上才出来觅食。刺猬的食性较杂，主要以蠕虫和昆虫等为食，偶尔也吃草根、果、瓜等。

浑身吓人的刺

刺猬和其他动物的外形有所不同，它们的背上长满了尖尖的硬刺。体长不超过25厘米，别看它们小小的，身上的尖刺可不是好惹的，那些硬刺正是它们保护自己的武器。当刺猬遇到危险的时候，就会把头和四足埋在胸前，缩成一团，使全身的刺像钢针一样竖起来。这样，刺猬就变成了一个刺球，让敌人难以下手。不过，有些动物自

有对付它们的办法，譬如黄鼠狼，黄鼠狼只要对着刺猬的透气孔放屁，刺猬就会被臭晕过去，身体慢慢展开，成为黄鼠狼的美味佳肴。

冬眠的刺猬

刺猬有冬季休眠的习性，可是当气温降到12℃时，它们仍不肯冬眠。为了驱寒，它们常常通过多吃食物的方式来保持体温。当气温降到7℃时，刺猬才进入冬眠状态。进入冬眠后，外界温度下降，刺猬的体温也开始下降，其他生理机能也一同减弱。

刺猬身材短小，偏肥，身体背部和两侧布满棘刺，头、尾和腹部皆有短毛，吻部尖而长，眼小而圆，尾短，前后足均具有尖利的趾甲，适于捕食。

中国国宝——大熊猫

大熊猫是我国的国宝，我们在动物园中总能看到它的身影。大熊猫是全世界最珍贵、最可爱的动物之一，它总是一副憨态可掬的模样，再加上是中国特有的，是当之无愧的"国宝"。大熊猫常栖息在海拔较高的茂密竹林中，主要以竹子为食。

爱吃竹子的肉食性动物

虽然大熊猫99%的食物都是竹子，但是它们其实属于肉食动物，一旦发起怒来，危险性不比其他的熊低。大熊猫的祖先是名副其实的肉食动物：有尖锐发达的犬齿、较短的肠道。大熊猫在进化过程中仍保留了肉食动物的这些特点。由于生存环境的改变，它们为了适应环境，选择退居深山竹林，以低营养、低消化率的竹类为食，从而变成了爱吃竹子的"肉食动物"。

性情孤僻的大熊猫

大熊猫性情孤僻，喜欢独居，昼伏夜出，居无定所，常随季节变化而搬家。春天，它们一般住在海拔较高的高山竹林里；夏季迁到竹枝鲜嫩的阴坡处，在那里选择一处避暑的地方；秋天又移到海拔2500米左右温暖的向阳山坡上，并且准备在此度过一个漫长而暖和的冬天。

喜欢吃饭、睡觉的大熊猫

现今大熊猫生活的环境中，有充足的食物，没有天敌，所以它们总以"内八字"的行走方式慢吞吞地行走。每天除了进食，便是在睡梦中度过。平躺、侧躺、俯卧、伸展或蜷成一团都是它们喜欢的睡觉方式。大熊

猫是珍稀濒危野生动物，为此我国建立了多个大熊猫自然保护区、大熊猫保护走廊带和大熊猫栖息地保护管理站等，来提高大熊猫环境容纳量。

不发达的视力

大熊猫的视力很不发达。这是因为它们长期生活在茂盛的竹林里，光线很暗，障碍物又多，致使视力退化。不过它们的瞳孔像猫一样是纵裂的，因此可以在夜间活动。

知识乐园

大熊猫身体肥胖，形似熊，但比熊略小，长约 1.5 米，肩高约 65 厘米，尾巴短。浑身毛密而有光泽，头部和身体的毛色黑白相间，眼周围、耳部、肩部和前后肢为黑色，其余均为白色。

庞然大物——大象

大象又名亚洲象、印度象，是亚洲哺乳动物中的庞然大物。大象一般栖息在丛林、草原和河谷地带，群居，通常以嫩树枝叶、野草、嫩竹、野果和野菜为食，除此之外，大象还喜欢吃香蕉等水果。

人类的好朋友

大象的智商很高，性格也很温驯，是人类的好帮手。它们不仅能帮人们运输物资、看小孩、守门，还能在马戏团、杂技团里当敲鼓手、吹号手、杂耍"演员"。

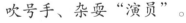

灵活的鼻子

大象的鼻子是用来吸水的，它们用鼻子吸水时为什么不会被水呛到呢？这

是因为在大象的食道上方，有一块软骨，在它们用鼻子吸水时，这块软骨能像小盖子一样盖住气管，使水只能进入食道，所以不会被水呛到。大象的鼻子还是攻击和自卫的武器，有时为了保护幼象，使其免受敌害，母象会用鼻子卷起幼象逃跑。

大象的"坟墓"

据资料记载，大象还有它们自己的"坟墓"。当一头老象快死的时候，一些年轻力壮的大象，就把它搀扶到"墓地"。老象见到"墓地"，便悲哀地倒下去。这时，它的后代用巨大、锋利、前端的牙，挖出一个庞大的墓坡，把老象的尸体埋葬在坟墓里，之后洒泪而去。

大象与老鼠

　　人们总说，大象害怕老鼠钻进鼻子里，其实，并不是这样。老鼠见了大象只会逃走，并且大象的鼻子很灵活，它根本不可能让老鼠钻进去。即使老鼠钻了进去，只要大象一甩长鼻子，也能将它甩出鼻外。

　　大象全身为深灰色或棕色，体表有稀疏的毛发，前额较平，四肢粗壮，鼻与上唇形成圆筒状长鼻。

百兽之王——老虎

老虎是世界上最大的猫科动物，体重可达350千克以上。老虎身强力壮，威风凛凛，叫声响彻山林，再加上额头上的斑纹组成的大大的"王"字，被人们称为"百兽之王"。老虎喜欢在深山老林里生活，是典型的山地林栖动物，所以得到了"丛林之王"这个称号。老虎对环境的适应能力很强，从寒冷的西伯利亚地区到热带丛林，以及高山峡谷等地都有分布。老虎主要以大型哺乳动物为食，包括各种野鹿、野羊、野牛、麝、麂等蹄类动物，偶尔捕食野禽，秋季也会食用浆果和大型昆虫等。

独特的斑纹

老虎身上的斑纹具有很重要的作用，它们可以帮助老虎隐身于草丛或树林中，有利于它们在猎物毫无察觉的情况下发动袭击。因为老虎不能持久地快速奔跑，所以它们只适合近距离对猎物发起进攻，而这些斑纹就成了它们的保护色。

 喜欢独居和游泳

老虎是一种独居动物，它们都有各自的领地，没有固定的巢穴，不是在灌木丛中潜伏休息，就是在山林中游荡觅食，是一个酷酷的"独行侠"。

由于老虎身上缺少汗腺，所以在炎热的天气里，它们总会在水里出没，并练就了高超的游泳技术，尤其是生活在炎热地区的老虎，更喜欢在水里泡澡、嬉戏。

知 识 乐 园

老虎的体毛呈浅黄色或橘红色，在它们巨大的身体上覆盖着黑色或深棕色的斑纹，斑纹一直延伸到胸腹部。它们头圆、耳短，耳背面呈黑色，四肢健壮有力，爪子尖利，尾粗长。

草原之王——狮子

<big>狮</big>子主要生活在非洲撒哈拉沙漠以南的草原上。它们以漂亮的外形、威武的身姿、凶猛的性格、强大的体魄，赢得了"草原之王"的美誉，是地球上力量强大的猫科动物之一。狮子为肉食动物，主要栖息在热带草地和稀树草原中，常以伏击的方式捕杀其他温血动物。

喜欢群居

狮子是一种群居动物，一个狮群通常由4～12只有血缘关系的母狮、狮子宝宝，以及1～2只雄狮组成。这些雄狮往往也有亲属关系，一般都是兄弟。狮群的大小取决于栖息地状况和猎物的多少，最大的狮群会聚集30个，甚至更多的成员，但大部分狮群维持在15个成员左右。

捕猎方式

　　雄狮虽然雄壮威猛，却从来不参与狩猎，这是因为雄狮张扬的鬃毛使得它们很容易暴露位置，所以狩猎的重任就落到了狮群中雌狮的肩上。雌狮捕猎的方式非常巧妙，它们会从四周悄然包围猎物，并逐步缩小包围圈，其中有些负责驱赶猎物，剩余的则等着伏击。它们通常捕食野牛、羚羊、斑马等体形比较大的猎物，有时甚至会捕猎年幼的河马、大象、长颈鹿等，是不折不扣的"草原之王"！

震耳欲聋的吼声

　　狮子有时会发出震耳欲聋的怒吼，这种吼叫有时是为了向其他狮子或肉食动物宣誓自己的领地，有时是为了指挥狮群行动。

 知识乐园

　　狮子体形非常大，头大而圆，吻部较短，犬齿、裂齿非常发达，爪非常锋利并且能够伸缩，毛发很短，体色为浅灰、茶色、黄色等。雄狮长有长长的鬃毛，鬃毛有淡棕色、深棕色、黑色等。

短跑冠军——猎豹

猎豹是动物界的"短跑冠军"，它们能够在极短的时间里达到最快奔跑速度。猎豹主要栖息在温带和热带草原，包括半沙漠和有稀疏树木的大草原及裸岩地区，主要捕食斑羚、羚羊、鸵鸟等动物。

惊人的奔跑速度

猎豹之所以能够跑得这么快，与它自身的身体结构密切相关。它的腿很长，身体很瘦，而且长了一个十分柔软的脊椎骨，容易弯曲，像一根大弹簧一样。它跑起来的时候，前肢和后肢都在用力，而且身体也在奔跑中不断起伏，带有一种弹力，所以跑得非常快。猎豹不仅跑得快，在全速奔跑的时候还能做急转弯呢！在急转弯时，它那条大尾巴起到了平衡的作用，因此才不至于摔倒。

耐力不足

　　猎豹虽然跑得快，可是耐力比较差，不适合做长途追击，是个不折不扣的短跑健将！长时间奔跑会导致猎豹体温急剧上升，导致虚脱，甚至死亡。如果猎豹不能在短距离内捕捉到猎物，它就会自动放弃，等待下一次的出击。

知识乐园

　　猎豹全身都有黑色的斑点，后颈部的毛比较长，体形纤细，腿长、头小。

极短的牙齿

　　猎豹的牙很短，是因为猎豹奔跑的时候需要消耗很多的氧气。为了吸入更多的氧气，猎豹长了一个很大的鼻腔，这样它的头骨里面就没有多少空间来长齿根了，所以它的牙比较短。

林中恶霸——花豹

花豹最引人注目的就是全身的斑纹，它们身上的斑纹像我国古代的钱币，因此我国把花豹叫作"金钱豹"。花豹主要生活在山地和丘陵的森林中，以蹄类动物为食，有时也捕食猴、兔、鼠类、鸟类和鱼类。

 捕猎方式

花豹虽然体形不大，但是凶猛狡猾，被称作林中的恶霸。它们能猎食鹿等大型动物，尤其喜欢捕食羚羊和鸟。捕猎时，它们会埋

知识乐园

花豹的外形与老虎相似，但比老虎小很多，全身颜色鲜亮，毛色棕黄，长满黑色的环斑，头部的斑点小而密，背部的斑点密而大，斑点呈圆形或椭圆形，斑点与古代铜钱极为相似。

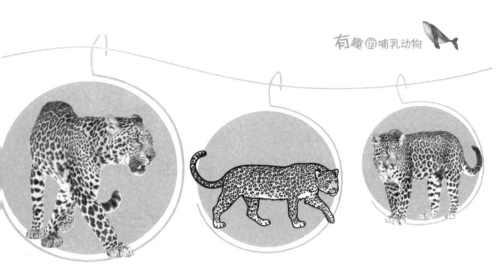

伏在密林丛中，只要找到合适的机会，就会如同离弦的箭，顷刻间扑向猎物。

技能多样

花豹非常机警，视觉和嗅觉也异常灵敏。它既会游泳，又善于跳跃和攀爬。花豹爬树的本领特别高强，常常趴在树上睡觉休息。它并不像狮子和猎豹那样偶然爬到树枝上观察周围的情况，而是把树当成自己的家。

花豹的食物储藏室

花豹有一个相当奇特的习惯，就是把捕获的猎物拖到树上，悬挂在树冠的细枝上。这是非常精明的举动，因为这样一来，这棵树就成了花豹的食品储藏室。将猎物高悬在树枝上不仅不易腐烂，方便取食，还可以有效防止其他肉食动物偷窃。

强烈的领地意识

花豹有着强烈的领地意识，它们会用多种方式来标注自己的领地，最常见的就是喷射尿液。它们会在领地内的树干上、石头上、灌木丛中喷射尿液，来证明该处是自己的领地，不容侵犯。

凶狠狡诈——狼

狼属于犬科动物，非常机警、多疑，外形与狗很相似。它的适应能力很强，主要生活在山地、平原和森林间，以鹿、羚羊、兔、老鼠等草食性动物和啮齿类动物为食。狼善奔跑，耐力强，通常群体行动。

绿色的眼睛

作为狡猾的猎手，狼通常在夜间活动。在夜晚，它们的眼睛会发出绿光，让人胆战心惊。这是因为狼的眼球上有许多晶点，这些晶点有很强的反射光线的能力。狼在夜间活动时，这些晶点能将周围微弱、分散的光聚集成束反射出去，这就是它们拥有极强的夜视能力的原因。

充满智慧的捕猎方式

狼的智商很高，它们捕杀猎物时，每一次进攻都堪称经典。它们从来不打无准备之仗，踩点，埋

伏，攻击，打围，堵截，组织严密，很有章法。独处的狼如果被人发现，为了不使狼群暴露，它往往会逃向与狼群相反的方向，牺牲自己，体现出了超群的智慧。

超强的团队精神

狼是大自然中最有秩序和纪律的动物之一，具有极强的团队精神。它们很少各自为战，所有的行动都是在狼王的统一调度下进行。只要狼王一声令下，群狼便会一冲而上。

狼王的选拔

狼王的选拔是残酷的。身强力

壮的大公狼会彼此争斗，直到有一只大公狼打败其他公狼时，王位的选拔才能告一段落。狼王在族群里可以拥有最好的巢穴，优先获得交配权，优先选择和食用猎物。

知识乐园

　　狼的耳朵尖且直立，眼神锐利，鼻端突出，嘴巴尖，犬齿和裂齿发达；四肢修长，善于快速奔跑；身上的毛粗且长，一般为灰黄色。

陆地最高——长颈鹿

在动物园里，我们经常能见到长脖子的长颈鹿。它们是陆地上最高的动物，雄性高约6米，常栖息在草原和森林中，主要以小树枝和树叶为食。

腿和脖子的进化

长颈鹿的祖先原本没有那么长的腿和脖子，由于地球气候变化，地面食物缺乏，出于生存和种族延续的需要，它们不

得不从食青草改为食树叶。如果想要吃到高处更嫩的树叶，它们就必须踮起脚和伸长脖子。慢慢地，脖子短的长颈鹿都被淘汰了。经过漫长的演化，长颈鹿就变成了今天的模样。

长颈鹿的长脖子能够帮助它们很好地观察周围的环境，躲避危险。但是，也有不方便的地方。长颈鹿喝水时要努力地分开两条前腿，再弯下长长的脖子。它们喝完水后，要恢复站立的姿势，就得先昂起脖子，然后费力地合拢双腿。这个时候，它们极易受到其他动物的攻击，因此，长颈鹿很少喝水。

不爱叫的长颈鹿

有人说长颈鹿没有声带，所以不会叫。事实上长颈鹿有声带，也会叫。但是它们的声带中间有浅沟，不好发声；另外，它们的脖子太长了，叫起来很费力气，所以很少叫。

长颈鹿皮毛的颜色和花纹因产地而异，有斑点形、网纹形、星形等；头顶有一对骨质短角，角上被有毛的皮肤覆盖着；颈部特别长，颈背有一行鬃毛；尾巴短小，尾端有黑色簇毛。

黑白条纹——斑马

斑马是马科动物中漂亮而独特的一员，黑白相间、光滑细密的条纹在它们身上组成了一幅天然的图画，就像穿了一件"条纹衫"。斑马栖息于干燥开阔、灌木丛较多的草原和半沙漠地带，喜欢吃草、树枝、树叶，有时也吃树皮，是群居动物。

斑马的"身份证"

斑马的"条纹衫"不仅是斑马的保护色，还是它们

的"身份证"呢！每只斑马身上的条纹都是独一无二的，就像人类的指纹一样。它们的条纹有的粗大，有的细密，斑马妈妈一般通过条纹来辨认自己的宝宝。

良好的视力

斑马的视力很好，眼睛可以同时看见远处的东西和近处的东西；听觉也很敏锐，进食的时候会警惕地竖起耳朵，防止其他动物的突然袭击。在进食的时候，群体成员会轮流放哨，一有危险就发出警报，群体便会迅速逃跑。

知识乐园

斑马的外形像马，身体较小，全身布满黑白条纹（有的品种腿部无条纹）。

广结好友

当斑马群遇到危险

时，一些斑马就会牺牲自己，为同伴创造逃生的机会。斑马不仅团结同类，还很喜欢和草原上的其他动物待在一起，鸵鸟、羚羊等都是它们的好朋友。

斑马最喜欢和长颈鹿在一起，因为长颈鹿身材高大，当猛兽还在很远的地方时，它们就能够发现。斑马与长颈鹿在一起，能利用长颈鹿这个"瞭望台"，及早得到"敌人来犯"的信息。

沙漠之舟——骆驼

我们对骆驼非常熟悉，它个子高大，性情温驯，机警顽强，反应灵敏，而且耐力持久，有着"沙漠之舟"的美称。骆驼主要生活在炎热、干旱的沙漠地区，以干草和盐为食。

不怕风沙

骆驼的耳朵里有毛，能阻挡风沙进入；有双重眼睑和浓密的长睫毛，可防止风沙进入眼睛；骆驼的鼻孔

大，内有瓣膜，鼻翼能自由关闭，可以抵挡风沙；脚掌扁平，脚底有又厚又软的肉垫，在沙地上可以行走自如，不会陷入沙中；身上长着又密又长的毛，除了能抵御炎热，还可以抵御严寒。

顽强的生命力

　　骆驼在沙漠上能不吃不喝很久，这是因为骆驼背上突起的驼峰就像一个食品仓库，里面储存着很多脂肪。这些脂肪在骆驼得不到食物的时候，分解成骆驼身体所需的养分，供骆驼生存需要，因此骆驼能够连续几天不进食。另

外，骆驼的胃里有许多瓶子状的小泡泡，这是储存水的地方。这些"瓶子"里的水使骆驼即使几天不喝水，也不会有生命危险。

单峰骆驼和双峰骆驼

骆驼有一个驼峰的单峰骆驼和两个驼峰的双峰骆驼两种。单峰骆驼比较高大，在沙漠中能走能跑，能运货，也能驮人。双峰骆驼四肢粗短，更适合在沙砾和雪地上行走。骆驼的嗅觉和视觉十分灵敏，不仅能察觉远处的水源，还能预知风暴。风暴来临之前，骆驼就会伏下不动。

知识乐园

骆驼的体形非常高大，体毛呈褐色，头较小，眼为重睑，鼻孔能开闭，脖子粗长、弯曲，四肢细长，尾细长，尾端有丛毛，背上有一个或两个驼峰。

珍稀动物——藏羚羊

藏羚羊又叫藏羚、长角羊，生活于青藏高原，栖息在海拔几千米的高原荒漠、冰原冻土地带及湖泊沼泽周围，如藏北羌塘、青海可可西里，以及新疆阿尔金山一带，都是令人望而生畏的生命禁区。藏羚羊主要吃一些高原草本植物，最喜欢吃的是红景天，因为藏羚羊生活的地区植被稀疏，湖泊虽多，却大都是咸水湖，只能生长针茅、苔藓和地衣之类的低等植物。

季节性迁徙

藏羚羊有季节性迁徙的习性。夏天，藏羚羊会沿着固定的路线向北迁徙，生存的地区东西相跨约1600千

米。此外，藏羚羊的产崽地主要在乌兰乌拉湖、卓乃湖、可可西里湖等。4月底，雌、雄藏羚羊开始分群而居，幼崽也会和母亲分开；到5—6月，母藏羚羊前往产崽地产崽，然后母藏羚羊又率幼崽沿原路返回越冬地，与雄藏羚羊合群；11—12月交配，完成一次迁徙过程。也有少数藏羚羊种群不迁徙。

国家保护动物

藏羚羊是中国特有的物种，也是国家一级保护动物，生活于高原之上，有"可可西里的骄傲"之赞誉，它的绒毛比金子还贵重。藏羚羊不仅是国家一级保护动物，也是《濒危野生动植物种国际贸易公约》（CITES）中严禁进行贸易活动的濒危动物。

知识乐园

藏羚羊四肢强健，尾短，体毛以淡黄褐色为主，被毛致密；成年雄性藏羚羊脸部呈黑色，腿上有黑色标记，头上长有竖琴形的角；雌性藏羚羊没有角。

高原之舟——牦牛

牦牛被人们誉为"高原之舟"。目前，世界上的牦牛主要分布在中国、尼泊尔、阿富汗、蒙古、印度、不丹、巴基斯坦、锡金等国家，其中我国牦牛的数量最多，占90%以上。牦牛主要吃干草，是典型的高寒动物。

藏族人民口中的"宝贝"

牦牛是当地畜牧业经济中不可缺少的畜种之一，不仅被用于农耕，还被用作高原运输工具，而且能为当地

牧民提供牦牛奶、燃料（牦牛粪）。可以说，藏族人民生活的方方面面都离不开牦牛，所以藏族牧民亲切地称它为"诺尔"（"诺尔"为"宝贝"之意）。

野牦牛的王国

西藏阿里东部改则县有一个无人区，被称为"野牦牛的王国"。每到冬季，成群的野牦牛会聚集在湖滨平地，一起过冬。到了夏季，它们又迁徙到雪线附近适合牛犊生存的地方交配、繁衍生息。

知 识 乐 园

牦牛身体强健，四肢短小，肩部显著隆起，毛长，尾似马，叫如猪；腹部和臀部长有长长的粗毛，宛如系上了一条特制的"长毛围裙"。

啃食松果——松鼠

松鼠长得非常可爱，主要分布在由松属、落叶松属、云杉属树种构成的针叶林或针阔混交林中。松鼠最爱吃的就是各种坚果，如松果、浆果和栗子等。松鼠的嗅觉十分灵敏，它们能准确地分辨出松子里面的果仁的饱满度。除了吃坚果，它们也吃嫩枝、树叶，以及小昆虫、雏鸟和鸟卵等。

松鼠的房子

松鼠的房子通常盖在树上靠近树干或树枝分叉的地方。它们先搬来一些小树枝，再找来一些干苔藓，将这些树枝牢牢地扎在一起，然后踩平，修整好。松鼠将入口建在房顶上，还会装上一扇小门；下雨的时候它们会将小门关上，防止雨

水流进屋里。

 美丽又实用的尾巴

　　松鼠的大尾巴作用非常大。晚上睡觉的时候，松鼠可以用大尾巴当被子，保证自己不被冻到。松鼠总在树上跳来跳去的，尾巴则是它们的"降落伞"，可以让它们保持身体平衡，进而安全着地。

知识乐园

　　松鼠的体毛为灰色、暗褐色或赤褐色，腹部为白色，冬季时耳朵有毛簇。松鼠的种类很多，外形也大不相同：岩松鼠耳朵无长毛簇，体表颜色偏灰黄；花鼠背部长有黑白相间的纵纹。

毛色金黄——金丝猴

金丝猴金黄色的体毛闪闪发光，显得格外优雅华贵。雄猴威武雄壮，雌猴婀娜多姿。金丝猴在猴类当中十分出众，其珍贵程度与大熊猫差不多，同属"国宝级动物"。金丝猴群栖于高山密林中，主要以树叶、嫩树枝、花果、树皮、树根等为食，也吃昆虫、鸟和鸟蛋。共有5个品种，均为珍稀物种。

独特的生活方式

金丝猴的生活方式非常独特，成员之间相互关照，一起觅食，一起玩耍、休息。在金丝猴的家庭中，金丝猴宝宝刚刚出生的时候，是由妈妈一直无微不至地照顾着。在哺乳期，金丝猴妈妈总是把宝宝紧紧地抱在胸前，或

是抓住宝宝的尾巴，丝毫不给它独自玩耍的机会，就算是金丝猴爸爸也别想摸一摸自己的宝宝！幼年时期的金丝猴有着强烈的好奇心，非常调皮。雄性金丝猴成年后，会被爸爸赶出家门，到野外独立生活。

金丝猴的"朝天鼻"

金丝猴的鼻孔极度退化，使鼻孔仰面朝天。这一特点是对高原缺氧环境的适应，因为鼻梁骨的退化有利于减少在稀薄空气中呼吸的阻力。

雪猴

滇金丝猴是世界上栖息地海拔最高的灵长类动物，是中国特有的物种，其一年中有好几个月都在雪地生活，故又有"雪猴"之称。

知 识 乐 园

金丝猴吻部突出，脸为天蓝色；成年雄猴头顶上生有黑褐色毛冠，两耳长在乳黄色的毛丛里，两颊呈棕红色，胸部和腹部为乳白色，四肢外侧为棕褐色，从颈后至臀部披有金黄色长毛。

捶胸咆哮——大猩猩

大猩猩是最大的灵长目动物，因为体形庞大，力大无比，因此也被称为"金刚"。大猩猩主要栖息在丛林中，喜欢吃果实，如无花果，在很难获得果实的地区或时期，它们也会吃树叶、木髓和茎干。

 **喜欢吃素食**

大猩猩喜欢吃素食，主要食物是果实、叶子和

根，其中叶子占主要部分。昆虫占它们所食食物的1%～2%。一般被吃掉的是植物上的昆虫。

灵活的身躯

大猩猩主要生活在地面上，它们用后脚掌和前肢的指关节走路。成年大猩猩会花不少时间去吃高挂在树上的果实，体重比较轻的个体甚至可以用它们的上肢从一棵树荡到另一棵树上，而幼年大猩猩则会在树上嬉戏。

责任重大的猩王

大猩猩过着一种家族式群居生活，一般年长的雄性大猩猩背上的毛色会变成银灰色，因此它们也被称为

"银背"，每个猩猩群体中至少有一个"银背"，满足条件的"银背"就是日后的"猩王"。"银背"会有好几只雌猩猩和它们的孩子。"银背"带领大家寻找食物，并找地方让大家休息。遇到危险后，"银背"用喊叫、捶胸等方式吓唬敌人，不过大猩猩群与群之间很少发生厮杀。

知识乐园

　　大猩猩的身体一般比较粗壮，身高与人类差不多，体重比人类要重。它们全身被黑色的长毛覆盖，但面部、耳朵、手足等处无毛。头大，额低，嘴巴很大，犬齿发达。雄性有较厚的冠垫，所以与雌性相比，雄性显得异常高大。

等级森严——狒狒

狒狒是哺乳纲灵长目动物，栖息在热带雨林、高原山地、半荒漠草原、低山丘陵、稀树草原中，主要以各种小动物及植物为食。白天活动，夜间栖于大树枝或岩洞中。

狒狒之间的斗争

说来有趣，狒狒之间的斗争和人类吵架一模一样，即先瞪眼睛，竖胡子，放开喉咙大叫或大吼一通，再撞台拍凳，或是拍打地面进行威胁。如果地位高的狒狒心

虚认输了，那么，就自行退下，承认青年狒狒的地位比它高；如果双方都不服，两只狒狒就开始拉拉扯扯，爪对爪、牙对牙厮打。结果会有三种情况：一是一方打赢了，从而胆子越打越大，一直打到"大王"的地位，但单靠蛮力也不行，要会团结众狒，要一点儿手段；二是一方打输了投降，主动抬起臀部，让胜方骑一下，承认自己地位卑下，可以免去进一步的惩罚——被活活咬死；三是一方输了落荒而逃，逃到其他狒狒群中，若这一狒狒群体较弱，过一段时间后这只狒狒也许又能争得一个王位，但那是非常少的幸运儿。

狒狒王国的法则

狒狒是猴类中社群生活最为严密的一种，其群体有明显的等级之分和严明的纪律。野生状态下的狒狒群体，每过几年就会发生争战，或分群或换狒王，因为以强换弱是狒狒王国的法则。但是更换狒王以后，在很长的一段时间内狒狒群体都不会发生争斗，而且繁殖率会大大增加，群体迅速壮大。此时，狒王会主动向地位低下的狒狒示好，为它们理理毛，进而巩固自己的地位。

知 识 乐 园

　　狒狒体形粗壮，四肢等长，短而粗，适应于地面活动；毛为黄色、黄褐色、绿褐色或褐色，一般尾部毛色较深，毛粗糙，面部和耳上生有短毛，雄性的面部周围、颈部、肩部有长毛，雌性的则较短。

清洗食物——浣熊

浣熊进食前总是先将食物在水中洗一洗，所以才有了这个名字。浣熊生活在潮湿的森林地带，也可以生活在农田、郊区和城市。它们是游泳健将，因此喜欢栖息在靠近河流、湖泊或池塘的树林中，大多成对或结成家族一起活动。浣熊虽然是肉食动物，但更偏向于杂食，它们通常吃鱼、蛙和小型陆生动物，也吃野果、种子、橡树籽等。

浣熊的尾巴

浣熊的尾巴很长，上面的毛又厚又华丽，还有黑白相间的圆环条纹。这不但是一种保护色，而且在树上活动时，它们的尾巴还能起到平衡身体的作用呢！

浣熊的黑眼圈和偷盗的"癖好"

浣熊的体形较小，一般不超过10千克，和大熊猫一样，也有两个大大的黑眼圈，这可不是它们昼伏夜出熬出来的，而是天生的。浣熊会在晚上12点之后出门，潜入人类的住处偷窃食物，人们称其为"神秘小偷"。

浣熊清洗食物的原因

浣熊为什么喜欢把食物放在水中洗一下再吃呢？有人说浣熊清洗食物是为了让食物更加鲜美；还有人说，浣熊爪子上的触觉细胞非常丰富，一旦接触到水就更灵敏了，可以感知到食物的很多特点，进而判断是否能吃、是否好吃。但是，这个问题到目前为止还没有确切的答案。

知识乐园

浣熊的体形较小，有黑眼圈，长着黑白相间的长尾巴，皮毛的大部分是灰色，也有部分是棕色和黑色，脚有五趾，可以抓取食物，但不能收缩，趾甲不锋利。

披满棘刺——豪猪

豪猪又叫箭猪，是啮齿目动物，主要栖息在森林、草原中，喜欢吃的食物有玉米、小麦、稻谷、白菜、萝卜、南瓜、花生等。

豪猪搏斗时的"武器"

有趣的是，豪猪与猛兽搏斗时，能把全身的棘刺竖起来，根根如同抖动的钢筋，互相碰撞，唰唰作响；同时它大声吼叫，施展威风，要以自己特有的招数，把敌人吓倒，吓跑。如有不听警告上前冒犯者，豪猪便毫不犹豫地大开杀戒。由于身体后方的棘刺要比前方的更发达，所以它进攻的方式很特别——掉转屁股，倒退着向对手冲过去。

 惊人的爬树本领

卷尾树豪猪生活在南美洲，具有惊人的爬树本领，它既能笔直地向上爬，又能头朝下往下滑行。它那灵活的长尾巴，使它在树冠上也能活动自如。这种本领使它能够逃过敌人的追捕。

知 识 乐 园

豪猪的身体非常强壮，外表呈黑色或黑褐色，头部和颈部有细长、直生而向后弯曲的鬃毛，还长着锐利的牙，脸像老鼠脸。从背部到尾巴，披满像箭镞一样的棘刺，屁股上的棘刺又长又密，其中粗的像筷子，长的足有半米，每根棘刺黑白相间，很显眼。

运动健将——袋鼠

袋鼠是澳大利亚特有的物种，在大洋洲占有很重要的生态地位。袋鼠因种类不同，其生活环境也不同，如波多罗伊德袋鼠会给自己做巢，树袋鼠主要生活在树丛中，大种袋鼠多以树、洞穴和岩石裂缝为遮蔽物。袋鼠主要以矮小、离地面近的小草为食，个别种类的袋鼠也吃树叶或小树芽。

神奇的育儿袋

雌性袋鼠的腹部都有一个育儿袋，这个育儿袋是用来哺育小袋鼠的。袋鼠妈妈每年生殖1~2次，一般怀孕35天左右生下宝宝，袋鼠宝宝生下来时身体很弱，需要住在育儿袋里继续发育。6个月后，袋鼠宝宝就会经常爬出育儿袋来活

动筋骨了，再过6个月就不用在育儿袋里生活了。袋鼠宝宝走出育儿袋活动筋骨之后，每次回来时，袋鼠妈妈都会张开前腿，弯下腰，这时，袋鼠宝宝就用前腿扒住妈妈的育儿袋，然后一个漂亮的空翻，进入妈妈的育儿袋中。

运动健将

袋鼠主要是靠后腿跳跃走路的，而且只能往前跳，不能往后跳。它跳得非常远，最远能跳到13米开外，是

知识乐园

袋鼠前肢短小，长着强有力的后腿，尾巴又粗又长，常常前肢举起，后肢坐地，以跳代跑。此外，雌性袋鼠长有育儿袋。

不折不扣的跳远健将。雄性袋鼠主要的攻击方式是用前腿搂住对方的脖子，用尾巴撑地，并用强壮的后腿猛踢敌害腹部。

澳大利亚的象征

　　袋鼠是大洋洲特有的动物，大多数生活在澳大利亚，有些品种则生活在新几内亚岛。澳大利亚的国徽上就有大袋鼠的形象，澳大利亚的一些货币上也有袋鼠图案。

嗅觉灵敏——棕熊

棕熊又叫灰熊、人熊等，是陆地上食肉目体形最大的哺乳动物之一。棕熊前臂的力量非常大，前爪爪尖长，可以造成极大的破坏，足以赶走侵犯它们领地的狼群和美洲狮。棕熊是一种适应力比较强的哺乳动物，从荒漠边缘至高山森林，甚至冰原地带都有它们的足迹。棕熊的食性很杂，几乎什么都吃，它们像猫一样最爱吃鱼，还喜欢吃蜂蜜。除此之外，它们也吃其他食物，如植物的根茎、块茎、谷物和果实，以及蚂蚁、昆虫、啮齿类动物、有蹄类动物等。

冬眠的习惯

棕熊有冬眠的习惯，从每年的10月至次年的3—4月都属于冬眠期。因此，棕熊会在冬眠前吃掉大量的浆果和其他食物，并四处寻觅适合冬眠的洞穴。它们一般选择大树洞或岩石隙缝，然后用枯草、树叶或苔藓做成一张软绵绵的"大床"。进洞前它们会把自己的足迹弄乱，以免被其他动物发现，从而更好地隐蔽自己。它们的巢穴有时会被年复一年地重复使用。

捕鱼达人

棕熊不仅可以像人一样站立，还是游泳健将，常常在湍急的河水中捕鱼。居住在海岸线周围的棕熊每年在鲑鱼产卵的季节就会享受一顿美味的鲑鱼大餐。棕熊的嗅觉极佳，是猎犬的7倍，视力也很好，所以在捕鱼时基本不会失手。

知识乐园

棕熊体形健硕，头大而圆，毛粗而密，有棕色、黑色、金色等。

视力欠佳——黑熊

黑熊俗称"狗熊""黑瞎子""月熊"，是食肉目哺乳动物。黑熊作为一种森林性动物，活动范围非常广泛，栖息地主要受食物资源丰富度和人为干扰因素的影响，有迁徙的习惯。它们主要以植物为食，喜欢吃植物的嫩叶、各种浆果、竹笋和苔藓等，也吃少量肉类。

趣味十足的名称

黑熊之所以被称为"狗熊"，是因为黑熊的长相有一点儿像狗；得名"黑瞎子"，是因为黑熊的视力不太好，是个近视眼，百米之外的东西就看不清楚了；被叫作"月熊"，是因为黑熊的胸部长着一撮新月形的白毛，非常漂亮。

害怕人类

据说黑熊一掌就能将人拍晕，所以人们一听到它们的名字就心惊胆战。事实上，黑熊并不会主动攻击人类，因为黑熊对人类的惧怕远远超过人类对它们的恐惧。它们一般会远离人类，只有在受到威胁或保护幼崽的情况下才会袭击人类。

保护黑熊

由于黑熊的胆汁中含有大量胆酸，有明目、治疗肝病的价值，所以遭到大量捕杀。没有买卖就没有杀害，所以大家一定要抵制熊胆、熊掌等野生动物制品。现在，野生黑熊是我国的二级保护动物。

知识乐园

黑熊身体粗壮，头部又宽又圆，顶着两只圆圆的大耳朵，形状颇似米老鼠的那两只耳朵，非常容易辨认。

体带异香——熊狸

熊狸虽然看起来像熊类，却属于灵猫科。由于它们的眼睛和鼻子长得像黑熊，体形和尖细的嘴像狐狸，所以称作熊狸。熊狸主要生活在热带雨林或季雨林中，多在高大浓密的树上活动，主要吃果子，也吃嫩叶、啮齿动物和小鸟。熊狸是国家一级保护动物。

另外一个名字

熊狸还有一个非常有趣的名字，叫"糯米熊"。由于熊狸尾部的嗅腺分泌的液体，散发的气味和"爆米花"或"糯米香"的气味差不多，因此在缅甸一带熊狸也被称为"糯米熊"。

像手一样的尾巴

熊狸的长尾巴上有蓬松粗糙的毛，具有抓握功能，能起到手的作用。它们还长着

尖锐的爪子，所以能够在高大的树上攀爬自如。它们在树枝间跳跃攀爬寻找食物时，可利用尾巴缠绕树枝以维持平衡。有意思的是，熊狸虽然受到威胁时会变得异常凶猛，但是它们开心的时候会发出"咯咯"的笑声。

知 识 乐 园

　　熊狸的尾巴粗壮，体毛呈黑色，中间混有浅棕黄色、棕灰色，尾色与背色相似。耳端有簇毛，耳缘的毛较短，头、眼周、前额及下颌部呈暗灰色，唇旁长着白色长须。

嘴巴巨大——河马

河马的体形非常大，仅次于非洲象、亚洲象、非洲森林象等哺乳动物。河马生活在河流、湖泊、沼泽附近水草丰富的地方，主要吃水草，有时候也吃陆生草。当食物短缺时，河马不仅会吃被它们杀死的动物，还会吃同类的尸体。

河马家族里的"家规"

河马性喜结群，通常每群二十几只，由雌兽统领。它们在河中或湖里生活时，都得遵循一条不成文的家

规：雌河马和幼小的河马占据河流或湖沼的中心位置，年老的雄河马围在它们的外面，年轻的雄河马在最外围负责警戒。谁要是越规，谁就会受到河马群的"谴责"。

不会游泳的河马

河马大部分的时间都在水里度过。令人惊讶的是，它们不会游泳，只会潜水。河马受到敌人的攻击或受到惊吓时，会潜入水中躲避危险；它们潜入水中时，会每隔几分钟把头露出水面呼吸一次。

"发脾气"的河马

一般情况下，河马非常安静，但是，一旦有谁惹到

它，它就会瞬间暴怒，甚至会和对方打起来。然而，对方也不是好惹的。它们会各自用自己锋利的牙齿去刺对方厚厚的皮肤。如果此时有小船经过，那可就遭殃了，河马会把小船顶翻，甚至把船咬成两段。

知识乐园

　　河马的身体粗圆，头很大，4条短腿支撑着笨重的身躯，它们的眼睛、耳朵、鼻子都长在头顶上，除吻部、尾、耳内侧有稀疏的毛外，全身皮肤裸露。河马最引人注意的是它们的大嘴巴。当河马的嘴完全张开的时候，能站下一个1米多高的小朋友呢！

身体扁长——水獭

水獭俗名"獭""獭猫""鱼猫""水狗""水毛子"，是半水栖的食鱼哺乳动物，大部分栖息于河流和湖泊一带，主要以鱼、虾、蟹、蛙、水鸟和鼠等为食。

善于游泳和潜水

水獭极善游泳和潜水，游泳时前肢靠近身体，用后肢和尾巴打水推进，使身体做波浪式起伏，游动速度很快，而且转向十分灵活。水獭的鼻孔和耳道中有一个小圆瓣，潜水时可关闭，防止水进入体内。它们可在水下潜游4~5分钟，潜行距离相当远。

受到威胁的水獭

随着现代工业的发展，水獭的栖息环境不断受到污染，致使它们的栖息地，以及食物来源遭到严重破坏。在重度

污染地区，水獭会直接中毒身亡；在轻微污染地区，水獭的繁殖能力会降低，抵抗力会减弱。

水獭的洞穴

大多数水獭为穴居，白天在洞穴中休息，晚上出来活动。水獭的巢穴一般选在岩缝中或树根下，要么是自己挖的洞穴，要么是狐、獾、野兔的旧巢。水獭的洞穴一般有两个洞口，出入洞口一般在水面以下，另一洞口露出地面，称为气洞，主要维持空气流通。洞道深浅不一，可深达数米甚至二三十米。

知 识 乐 园

水獭身体扁而长，尾前宽后细。四肢很短，趾间有蹼。头部宽扁，眼小，耳小而圆。口部触须发达。身披棕色密毛，毛短而有光泽，入水不湿。体毛较长而细密，呈棕黑色或咖啡色，具丝绢光泽；底绒丰厚柔软。体背灰褐色，胸腹颜色灰褐色，喉部、颈下呈灰白色，毛色呈季节性变化，夏季稍带红棕色。

海中智叟——海豚

海豚是一种非常可爱的动物，它不仅聪明、学习能力强，还十分友善，经常救助海上遇难的人，所以素有"海上救生员"的美称。海豚主要生活在沿岸或深海，是小型或中型齿鲸，属于大型肉食动物，处于食物链的顶端。除鲨鱼以外，海洋上的其他生物基本对它构不成威胁。

发达的大脑

海豚特别聪明，经过训练，可以唱歌、顶球、跳舞等。有些技巧猴子得练习好几百次才能学会，而海豚只要训练20次左右就能运用自如了。海豚之所以聪明伶俐，得益于它们发达的大脑。它们的大脑与人类的大脑差不多大小，大脑沟回复杂，记忆力良好。

左右脑交替休息

海豚的睡眠很浅，在睡眠中，它们的大脑两半球处于明显不同的状态之中：当一个大脑半球处于睡眠状态时，另一个则处于清醒状态；每隔十几分钟，大脑两边的活动方式变换一次。海豚这种左右脑交替休息的方式，让它们能随时知晓周围环境的变化，进而及时躲避危险。

强大的跳水本领

海豚的跳水本领很强，能跳出海面1～2米高，在暴风雨到来之前，这种活动更为频繁。它们之所以频繁地跳出水面，是因为每隔5～8分钟，它们必须浮出水面用呼吸孔换气。

知 识 乐 园

海豚具有纺锤形的身体，最长可超过9米，喙有长有短，背鳍多呈镰刀形，体色多为黑白色，皮肤光滑无毛，鼻孔在头顶上。拥有发达的声呐系统，在水中有极好的听力。

体色多变——海象

海象是生活在高纬度海洋里的巨型哺乳动物，被称作北半球的"土著居民"，其体形大小仅次于鲸。海象喜群居，常常几百头或几千头一起悠然自得地在冰上或海岸上酣睡。它们喜欢吃各种软体动物，如瓣鳃类的软体动物。除此之外，海象也会吃一些甲壳类动物，如虾、蟹等。

多变的体色

海象可抵御北极的严寒，这与海象厚而多皱的皮肤密切相关。海象的皮肤非常奇特，一般情况下，海象裸露无毛的体表呈灰褐色或黄褐色，但当海象在冰冷的海

水中浸泡的时间过长时，它们的动脉血管就会收缩，体表会变成灰白色。而登上陆地以后，它们的动脉血管膨胀，体表则会变成棕红色。

丰富的应敌经验

海象时时刻刻也不放松警惕。它们在休息时，会有一名海象担任起"警卫员"的工作。一旦发现敌情，"警卫员"便会大声唤醒沉睡的伙伴，或用长长的牙撞醒身边的同胞，并依次传递下去。

知 识 乐 园

雄性海象的体形要大于雌性海象，身体裸露无毛，呈圆筒形，皮肤厚而多皱，一般呈灰褐色或黄褐色；头部扁平，吻端较钝，上唇周围长着一圈又长又硬的钢髭，有1对发达的上犬齿伸出嘴外，形成獠牙，小眼，无外耳壳；4个鳍脚，前肢较长，后肢能向前方弯曲，尾巴很短，隐藏于臀部后面的皮肤中。

海上霸王——虎鲸

蓝鲸、白鲸、座头鲸都是性情温和的鲸鱼，但是它们家族里也有凶残的杀手，那就是虎鲸。虎鲸是一种大型齿鲸，是企鹅、海豹等动物的天敌。有时它们还袭击其他鲸类，甚至是大白鲨，是不折不扣的"海上霸王"！虎鲸生活在大海中，主要以须鲸、企鹅、海豹等为食。

捕食猎物

虎鲸长着锐利的牙齿，而且牙齿朝内后方弯曲，上下颌牙齿咬合后，不仅使猎物难以逃脱，而且还能撕裂、切割猎物。另外，虎鲸的智商也非常高。它们有时会将肚

皮朝上躺着，漂浮在海面上，如同一具尸体，当其他动物接近的时候，会突然翻身捕捉它们。虎鲸捕鱼的方法也很巧妙，它们围在鱼群四周，轮流冲入鱼群猎食，直到把鱼群扫荡尽了才散开。

可怕的叫声

虎鲸在追捕猎物的时候，速度特别快，可以达到每小时55千米以上。同时，它还会发出一种十分可怕的叫声，这种叫声和老虎的叫声非常相似，就连巨大的蓝鲸和凶残的大白鲨听到这种叫声也会惊恐万状，四散躲避。

知识乐园

虎鲸的头部略圆，具有不明显的吻部，背鳍高而直立，嘴巴细长，牙齿锋利，背部呈黑色，腹部为灰白色。

体积最大——蓝鲸

蓝鲸是须鲸属的一种海洋哺乳动物，也是已知的地球上体积最大的动物。它的舌头上能站几十个人，心脏像一辆小汽车那样大，血管可以让婴儿轻松爬过，连刚生下的蓝鲸宝宝都比一头成年象还要重！它们主要生活在海洋中，以小型甲壳类与小型鱼类为食。

蓝鲸独特的呼吸方式

蓝鲸虽然生活在大海里，但是却用肺呼吸，它的肺体重和容积都非常大，这使得它呼吸的次数大大减少，每隔10～15分钟才露出水面呼吸一次。蓝鲸呼吸时，必须先将肺内的二氧化碳等废气从喷气孔排出体外。当这股强有力的灼热气流冲出喷气孔时，喷射的高度能达10米左右，并把附近的海

水也一起卷出海面，形成壮观的水柱，并伴随犹如火车鸣笛一样响亮的声音。

 **用尾鳍打水**

蓝鲸平时喜欢用尾鳍打水，这一行为有着多种用途和目的，可能是在做游戏，也可能是为了引起同伴的注意，还有可能是为了摆脱皮肤上的寄生虫。

灵活的尾巴

蓝鲸的尾巴可以灵活地摆动，既是前进的动力，又起着舵的作用。它在潜水之前总是将尾巴露出水面，有时还高高地跃出水面，并迅速潜入海水中。

知识乐园

蓝鲸的身躯瘦长，体形巨大，全身为淡蓝色或灰色，呈流线形，背部有细碎的斑点，头部有两个喷气孔。

北极霸主——北极熊

北极熊亦称白熊，是北极地区最大的肉食动物。除了人类，北极熊没有任何天敌，是名副其实的北极"霸主"。北极熊通常居于陆地附近，但在冰封的北冰洋地区也会有它们的足迹。它们还会随着浮冰漂流出海，捕食海豹和海象，也会捕食白鲸、海鸟、鱼类、小型哺乳动物等，有时也会食用腐肉。

抵御严寒的方式

北极的气温最低时达零下50℃，可是北极熊一点儿都不觉得冷，这是因为它们的身上长满了密实的毛。这些毛非常特别，就像一根根透明的空心管子，可以使阳光畅通无阻地到达北极熊的皮肤

上，是北极熊收集热量的天然工具。而且，它们的皮下有厚厚的脂肪层，也能抵御寒冷。

捂鼻子的行为

北极熊有一个令人觉得有趣的行为，即捕猎时会捂住鼻子。因为除了鼻子，北极熊全身都是白色的，捕猎时捂住鼻子，它们就可以和周围的冰雪融为一体，能够更好地把自己藏起来。而且，捂住鼻子可以掩盖气味和呼吸声，不易被猎物发现。

母性十足的北极熊妈妈

北极熊宝宝刚出生时，熊妈妈会把宝宝托在自己的掌心里，不让它碰到一点儿冰雪，不仅用脖子上最暖和的绒毛给宝宝当棉被，还会不停地冲宝宝吹暖气！

北极熊身体大而粗壮。与其他熊相比，北极熊的头部相对较小，耳小而圆，颈部细长，皮肤为黑色。因为北极熊的毛发透明，所以它们的外观为白色。

雪地精灵——北极狐

北极狐也叫蓝狐、白狐，小巧玲珑、乖巧可爱，长着一身洁白无瑕的皮毛；冬天时，奔跑在雪地中像一个美丽的精灵。北极狐主要生活在北极冰原上，以旅鼠、鱼、鸟类和北极兔等为食。

北极狐能在北极生活的原因

北极狐之所以能在北极严酷的自然环境中生存下来，完全得益于它们那身浓密的皮毛。即使气温为零下50℃，它们仍然生活得很舒服，这是大自然精心设计的结果。另外，北极狐的身躯和五官都非常短小，这减少了它们体内热量的散失和体表的裸露，能够更好地保温。

北极狐的生活方式

北极狐奔跑时的速度非常快，平均一天能行进90千米，可连续行进数天。它们会在冬季离开巢穴，迁徙到600千米外的地方，在第二年夏天再返回家园。由于北极狐的脚上长着长长的毛，所以即使在冰上行走也几乎不会打滑，这非常有助于它们在冰原上捕食。冬天，当北极狐在巢穴中储存的食物消耗殆尽时，它们就会三三两两地跟在北极熊的身后，拣食北极熊吃剩的食物。

知 识 乐 园

北极狐的嘴比较尖，耳朵短而圆，尾毛蓬松，尖端呈白色。夏冬两季体毛颜色不一致：夏季体毛为灰黑色，腹面颜色较浅；冬季全身体毛为白色，仅鼻尖为黑色。

有趣的
自然奇观

YOUQUDE
ZIRAN
QIGUAN

身边的自然课

宋　飞◎主编

应急管理出版社
·北京·

图书在版编目（CIP）数据

有趣的自然奇观／宋飞主编 . －－北京：应急管理
出版社，2023

（身边的自然课）

ISBN 978 - 7 - 5020 - 9425 - 6

Ⅰ . ①有⋯　　Ⅱ . ①宋⋯　　Ⅲ . ①自然科学—儿童读物
Ⅳ . ①N49

中国版本图书馆 CIP 数据核字（2022）第 129771 号

有趣的自然奇观（身边的自然课）

主　　编	宋　飞
责任编辑	高红勤
封面设计	天下书装

出版发行	应急管理出版社（北京市朝阳区芍药居 35 号　100029）
电　　话	010 - 84657898（总编室）　010 - 84657880（读者服务部）
网　　址	www. cciph. com. cn
印　　刷	天津泰宇印务有限公司
经　　销	全国新华书店

开　　本	880mm×1230mm$^1/_{32}$　印张　10　字数　200 千字
版　　次	2023 年 2 月第 1 版　2023 年 2 月第 1 次印刷
社内编号	20220272　　　　　定价　68.00 元（共四册）

　　形状像小喇叭的牵牛花为什么只在早上开花？鹦鹉为什么能模仿人说话？可爱的大熊猫为什么喜欢吃竹子？火焰山真像《西游记》中写的那样热吗？……

　　在自然界中，我们身边这些看似熟悉的植物、动物、景观，其实蕴藏着各种鲜为人知的秘密。不管身处怎样的环境中，它们都用自己独特的存在方式展现着大自然的美妙，与我们相依相伴。

　　为了让孩子们对身边的大自然有更深刻、更具体的认识，我们精心编写了这套《身边的自然课》丛书。本套丛书从"有趣"的角度，介绍了花草树木、飞鸟鱼虫、哺乳动物、自然奇观等方面的知识，内容丰富，不仅能满足孩子们的求知欲，还能解答孩子们心中的疑惑。同时，书中还配有相应的插画与实物图，方便孩子们识别和记忆，可以让孩子们在增长知识、开阔视野的同时，提高观察力与想象力。

　　赶快打开这本书，让孩子们在轻松的阅读氛围中与大自然成为朋友吧！

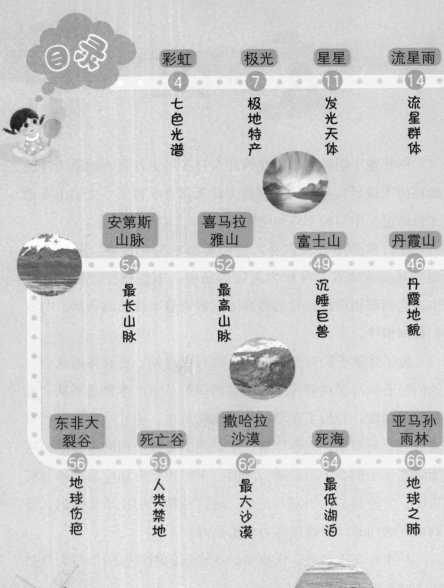

目录

彩虹
4
七色光谱

极光
7
极地特产

星星
11
发光天体

流星雨
14
流星群体

安第斯山脉
54
最长山脉

喜马拉雅山
52
最高山脉

富士山
49
沉睡巨兽

丹霞山
46
丹霞地貌

东非大裂谷
56
地球伤疤

死亡谷
59
人类禁地

撒哈拉沙漠
62
最大沙漠

死海
64
最低湖泊

亚马孙雨林
66
地球之肺

龙卷风
17
强风旋涡

泉水
20
地下之水

日出和日落
23
东升西落

月食和日食
26
天文现象

海市蜃楼
29
虚幻景色

火焰山
43
气温最高

琅琊山
40
皖东明珠

间歇泉
38
喷喷停停

月牙泉
35
月泉晓澈

壶口瀑布
31
黄河奇观

马来群岛
68
最大岛群

波浪岩
70
风化岩石

平顶海山
73
顶部平坦

南极不冻湖
76
南极奇迹

七色光谱——彩虹

夏天是多雨的季节，每次雨后天气刚刚转晴的时候，在太阳对面的天空中常常会出现一道半圆形的彩虹，非常漂亮。

雨后出现彩虹的原因

夏天的雨与其他季节的雨有所不同，夏天总下雷雨或阵雨，且雨的覆盖范围不大。仔细观察，我们就会发现：我们近处的天空下着大雨，而远处的天空依然阳光照耀。其实，彩虹就是在这样的条件下悄然出

现的。雨过以后，天空中还会飘浮着许多小水滴，当远处的太阳光照到天空中的这些小水滴时，在反射和折射作用下，彩虹就出现了。

彩虹的七种颜色

我们看到的彩虹由外圈到内圈共有七种颜色，即红、橙、黄、绿、蓝、靛、紫。其实，彩虹并不是只有这七种颜色，而是有无数种颜色，比如，在红色和橙色之间还有很多肉眼几乎看不出差别的颜色，为了方便，人们通常只记七种显而易见的颜色。

想不到的特殊彩虹

除了常见的七色彩虹，还有很多特殊的彩虹，如红虹，日出和日落时，太阳光的传播距离比较长，绿色、黄色、橙色容易被散射至空中，而红色不易被散射，所以就产生了红色彩虹；月虹，当月光极其强烈时，我们很容易看到月虹，因为我们的眼睛在夜晚不容易分辨颜色，所以月虹在我们眼中呈白色；全圆彩虹，雨滴对阳光产生"内反射"，且雨滴与空气的折射率不同，因此会产生全圆彩虹；双彩虹，当太阳光在水滴内发生两次反射后，就会形成双彩虹。

生活中的彩虹

人们总以为只有雨后才会出现彩虹，其实这种观点是不正确的。除常见的雨后彩虹外，在阳光的照射下，如果你站在街上缓慢行驶的洒水车的后面，就会看到洒水车后的彩虹；当你用喷雾器在空中喷雾时，也会看到美丽的彩虹。此外，在喷泉或瀑布的周围，也会出现彩虹。

自然课堂

在古代，人们不知道彩虹出现的原理，由于彩虹极其美丽，人们认为彩虹是神仙创造的，因此，彩虹在神话中还占有一席之地。

极地特产——极光

极光是一种罕见的景观，被人们称为自然界中的奇观之一。极光一般出现在纬度靠近地磁极地区的上空，如北极（北极光）和南极（南极光）。极光的颜色多种多样，有白色、蓝色、紫红色、橘红色，最常见的是黄绿色。极光炫目夺人，在自然界中，几乎没有哪种自然景观能与极光相媲美，就算是技艺高超的画家也很难描绘。

极光的形成

极光究竟是怎样形成的？迄今为止，人们还没有给出确切的答案。一般认为，极光的形成可能有以下三种原因。

一是，极光是地球外面燃起的大火。由于北极和南极位于地球的边缘，所以在北极和南极能看到极光。

二是，极光是红日西沉（刚过中午进入下午的时间段）以后，透射返照出来的光辉。

三是，由于极地有大量的冰雪，白天时，冰雪会吸收并储存阳光，而到了晚上，冰雪就会把白天吸收的阳光释放出来，这样便产生了极光。

20世纪60年代，科学家们将卫星和火箭探测到的资料与在地面观测到的结果结合起来研究，得出了极光的物理性描述：众所周知，太阳风拥有极大的能量，地球磁层磁力线会携带大量的太阳风能量进入地球内部，从而形成地磁场。当太阳风能量足够强烈时，磁力线能量就会与地球内部的磁感抗相遇，而没有消耗掉的能量就会在电离层处形成极光。

神秘的声音

当你欣赏极光时，可能会听到一种非常神秘的声音。从古至今，伴随北极光发出的声音流传着许多传说，让人们感到恐惧和敬畏。听到过这种声音的人说，那是一种离自己非常远的噼啪声。通过这些人的描述，科学家们推测出伴随北极光而发出的声音的背后可能隐藏着某种原理，但是具体是什么原理，还需要不断地探索。

令人叹为观止的极光

极光出现的时间有长有短，时间较短的极光可能就像流星一样，在空中闪现一下就消失不见了；时间较长的极光，可能会在空中闪烁好几个小时。

科学家们经过研究发现，极光千姿百态，形状各异，有时像一条彩带，有时像一团火，有时像一个五光十色的荧幕，给人带来一场视觉盛宴。科学家们根据极光的形态，将其分为五种，即极光弧、极光带、极光片、极光幔、极光芒。极光弧是底边整齐、微微弯曲的圆弧状极光；极光带是有弯扭折皱的飘带状的

极光；极光片是像云朵一样的片朵状极光；极光幔是像面纱一样均匀的帐幔状极光；极光芒是沿磁力线方向的射线状极光。

　　木星和土星与地球一样，是有强大磁场的两颗行星。除有强大的磁场外，木星和土星还有强大的辐射带，因此，使用哈勃空间望远镜能看到木星和土星上的极光。

发光天体——星星

在 夏天的夜晚，大家肯定都有过数星星的经历。天上的星星一闪一闪的，好像精灵在向我们眨眼睛。我们每次看天上的星星时，总会习惯性地在固定的位置寻找星星。其实，天上的星星并不是固定不变的，而是始终处于高速的运转中，甚至有些星星的运转速度远远超乎我们的想象。

星星的"真面目"

我们看到的星星并不是向我们眨眼睛的精灵，而是宇宙中的天体。很多星星是有名字的，如恒星、行

星、彗星、白矮星等。其中，行星本身不会发光，我们夜晚所看到的发亮的行星其实是它反射的太阳的光。

形状不一的星星

在星星内部，由于能量不断地活动，所以它的形状是不规则的。如果星星内部的能量停止活动，那么在数亿年以后，星星可能会变成一个圆球形。

因为行星的星体一般是由坚硬的岩石构成的，而且一些小行星的质量和自身引力比较小，小行星基本上无法依靠自身引力完成向中心移动的过程，所以这些小行星的形状非常奇怪，有的呈卵形，有的呈棒形等。

决定星星亮度的因素

晚上抬头看天上的星星，有些星星非常明亮，有些星星却比较暗。这是由星星发光能力的大小和星星与地球之间的距离决定的。经过研究，天文学家将星

星发光的能力分为25个星等，发光能力最强的星星与发光能力最差的星星大约相差100亿倍。如果星星与地球之间的距离非常近，且发光能力很强，那么人类看到的星星就非常明亮。如果星星与地球之间的距离非常远，即使星星的发光能力再强，我们看到的星星也会非常暗。

自然课堂

在地球上，人类肉眼可见的五大行星（金星、木星、水星、火星、土星）中，最亮的行星是金星。金星虽然没有月亮和太阳亮，但是比著名的天狼星（除太阳外全天最亮的恒星）要亮十几倍，就像一颗耀眼的钻石。

流星群体——流星雨

我国古代有很多关于流星雨的记载，与流星雨相关的传说也很多。流星雨出现时，场面非常壮观，异常美丽。据说流星雨来临时，对着它许愿，能愿望成真。

流星的形成

在太阳系中，除了八大行星（距离太阳从近到远依次是水星、金星、地球、火星、木星、土星、天王

星、海王星）及八大行星的卫星，还有一些非常小的天体，如彗星、小行星等。虽然这些小天体的体积非常小，但是它们也围绕着太阳公转。所以，这些小天体一旦接近地球，就有可能以极快的速度进入地球大气层，而小天体上面的某些物质与地球大气发生剧烈摩擦后，会将巨大的动能转化为热能，进而引起物质电离，产生耀眼的光迹，这耀眼的光迹就是人类眼中的流星。

 流星雨的运行路径和命名

　　流星雨，顾名思义，就是成群的流星，是一种特殊的天文现象。我们在地球上看到的流星雨好像是从相同的点辐射出来的，这个点叫作流星的辐射点。我们之所以会看到这样的情景，是因为流星雨的粒子在天空中运行时，它们的路径是平行的，速度也是相同的。

　　流星雨可来自多个不同的方向，人们为了区分来自不同方向的流星雨，一般以流星雨辐射点所处的星座来命名，如狮子座流星雨、猎户座流星雨、英仙座流星雨、宝瓶座流星雨等。

 流星暴雨

流星雨与自然界的雨一样，有规模较大的流星雨，也有规模较小的流星雨。小规模的流星雨一小时内仅出现几颗流星，大规模的流星雨短时间内能在同一辐射点迸发出成千上万颗流星，像燃放的烟花那样壮观。我们将每小时出现的流星数量超过1000颗的流星雨，称为"流星暴雨"。

自然课堂

　　狮子座流星雨出现在每年的 11 月 14 日至 21 日，一般情况下，每小时会出现十几颗流星。但是，每隔 30 多年，狮子座流星雨会出现一次高峰期，高峰期狮子座流星雨每小时会出现数千颗流星，场面极其壮观。

强风旋涡——龙卷风

生活中，刮风下雨是一件很平常的事情，也是一种很正常的自然现象，但有些风和雨却十分怪异，如龙卷风。龙卷风是一种局部地区风速超快的气象灾害。现在，天气预报可通过一定的手段对其进行预警。

龙卷风奇特的"外貌"和暴躁的"性格"

龙卷风的"外貌"非常奇特，它的"头部"有一块乌黑或浓灰的积雨云，下面有漏斗形的云柱，与大

象的鼻子非常相似。不仅如此，龙卷风还有非常暴躁的"性格"，只要是龙卷风经过的地方，那里就会被摧毁，地面上的一切都会被卷走。虽然龙卷风非常厉害，但是它存在的时间非常短，通常情况下只存在几分钟或几十分钟，最长也只有几个小时。

龙卷风形成的四个阶段

龙卷风一般在很小的区域中产生，其在近地面释放的能量是不稳定的。在大气微物理学方面，还没有确定龙卷风的形成原因，但是，在动力学方面，研究者认为龙卷风与上升气流和垂直风切变有

自然课堂

龙卷风的类型有很多，如多旋涡龙卷风，该类型的龙卷风包含次级涡旋，具有较大的破坏力；水龙卷，该龙卷风是水上的龙卷风，能吹翻海上的船只，当它移动到陆地时，其破坏力更大；陆龙卷，该龙卷风主要发生在陆地上，破坏力极大。

关，主要分为四个阶段。

第一阶段，产生上升气流，这是由对流系统中携带的大量大气中不稳定的能量所引起的。

第二阶段，上升气流会产生垂直涡度，并在水平方向开始旋转，这种现象是在风向切变和风速的作用下产生的。

第三阶段，上升气流水平旋转后，会在辐合气流的作用下在对流层中层形成龙卷风的核心。

第四阶段，在对流系统前部下沉气流的作用下，龙卷风的核心会向下垫面延伸，此时地面气压急剧下降，地面风速急剧上升，最后形成龙卷风。

地下之水——泉水

泉水是地下水涌出地面而形成的。泉水在地球上的分布非常广泛，它们是河流补给的重要部分，也是不可缺少的生活水源。

泉水的类型

泉水不仅为人类提供了理想的水源，同时也能形成许多观赏景观和旅游资源，如理疗泉、观赏泉等。我

国的泉水总数达10万多处，分布十分广泛，种类也非常丰富，各地名泉不胜枚举。

根据水流温度，泉可以分为温泉和冷泉。在地下很深的地方，有非常灼热的岩浆，当地下水从那里经过时，就被逐渐加热，变成了热水。这些热水从地下冒出来，就是我们见到的温泉。温泉的水温一般超过20℃或超过当地年平均气温，而且一般都是富含矿物质的矿泉。我国已知的温泉点有2400多处，以台湾、广东、福建、江西、西藏、云南等地的温泉为最多。

泉水的功能

有的泉水能治病，因为这些泉水中含有对人体有益的一些微量元素或矿物质，如硒、硫黄等，它们对治疗皮肤病、风湿病等有一定的实效。因此，经常泡温

泉，能使皮肤更健康。

泉水众多的市

我国山东省济南市有很多处泉水。那里共有72处名泉，其中趵突泉群、珍珠泉群、黑虎泉群、五龙潭泉群四大泉群最负盛名。著名的趵突泉被誉为"天下第一泉"，是济南的标志与象征。

自然课堂

按流量大小划分，泉水可分为八级，一级泉的流量每秒超过 2800 升，二级泉每秒在 280 升到 2800 升之间，八级泉则每秒小于 8 毫升。

东升西落——日出和日落

生活中，太阳东升西落是很正常的一件事。太阳刚升起时，天空会弥漫着霞气；日落时，天空更是红霞漫天，非常壮观。

日出

日出一般是指太阳从东方的地平线升起来的时间，确切地说是日面出现在地平线的一瞬间，而不是整个日面离开地平线的时间。

太阳光在穿过地球大气层时会发生折射，因此在太阳还没有升至地平线时，我们在地球上就能看到日出的景象。其实这是一种错觉。

在古代，我国天文学家曾记录过一种罕见的天文现象——天再旦，它指的是在同一天连续出现两次日出。这种天文现象是由清晨5点到7点的日全食引起的，第一次日出时，天色逐渐暗去，紧接着会出现第二次日出。

 日落

日落是指太阳徐徐降下至西方的地平线下的过

 自然课堂

与日出相比，日落的颜色要亮丽一些，这是因为大气层受到了太阳光一整天的照射。此外，日落颜色的深浅也会受到一些因素的影响，如自然界中的云、烟、雾，人为制造的废气等。

程。它是地球生态环境循环与生物活动的重要划分点。日落出现后，气温会发生变化，因为伴随日落，空气中的流动分子会大幅度减少，温度便会随之下降。除此之外，地球上动物的活动量也会减少，紧接着进入休息状态。不只是动物，植物也会发生一系列的变化。没有了阳光，植物就会停止光合作用，不再释放氧气，转为消耗外界的氧气。日落的到来，标志着夜晚的来临，同时也宣告了人们一天工作、生活的结束。

天文现象——月食和日食

月食是一种特殊的天文现象。古时候，人们不懂得月食发生的科学原理，像害怕日食一样，对月食也心怀恐惧。日食又叫作日蚀，在民间传说中，日食被称为"天狗食日"。

月食和日食发生的原理

当地球运行到月球和太阳之间时，太阳光正好被地球挡住，地球在背着太阳的一面会出现阴影，即地影。地影分为本影和半影两部分。本影是指没有受到太阳光直射的区域，而半影则是指受到部分太阳光直射的区域。月球在环绕地球运行过程中有时会进入地影，这时就会发生月食现象。

当月球、太阳、地球在一条直线上，且月

球运动到太阳和地球中间时，月球就会挡住太阳射向地球的光，月球身后的黑影正好落到地球上，这时就会发生日食现象。

月食发生的五个阶段

月食的全过程可分为初亏、食既、食甚、生光、复圆五个阶段。

初亏：月球由东边缘慢慢进入地影，月球与地球本影第一次外切，标志着月食开始。

食既：月球的西边缘与地球本影的西边缘内切，月球刚好全部进入地球本影内，月全食开始。

食甚：月球的中心与地球本影的中心最接近，月全食达到高峰。

生光：月球东边缘与地球本影东边缘相内切，这时月全食阶段结束。

复圆：月球的西边缘与地球本影东边缘相外切，月球离开地球本影，这时月食全过程结束。

日食发生的五个阶段

日食的全过程也可分为初亏、食既、食甚、生

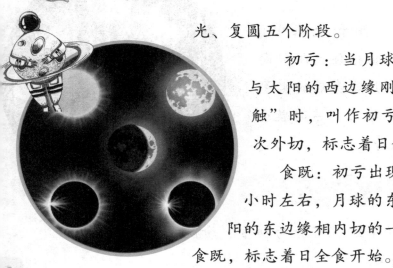

光、复圆五个阶段。

初亏：当月球的东边缘与太阳的西边缘刚开始"接触"时，叫作初亏，是第一次外切，标志着日食开始。

食既：初亏出现后的一个小时左右，月球的东边缘与太阳的东边缘相内切的一瞬间叫作食既，标志着日全食开始。

食甚：月球中心与太阳中心的距离最近。

生光：月球西边缘与太阳西边缘相内切的一瞬间叫作生光，标志着日全食结束。从食既到生光的时间非常短，一般不会超过七分半钟。

复圆：生光出现后的一个小时左右，月球的西边缘与太阳的东边缘相"接触"时，叫作复圆。从这个时候起，月球与太阳完全"脱离"，标志着日食结束。

自然课堂

公元前2283年美索不达米亚所记载的月食，是世界上最早的记录月食的资料，其次是公元前1136年中国的月食记录。

虚幻景色——海市蜃楼

天气晴朗时，在平静无风的海面上，有时会浮现出一座城市，亭台楼阁完整地显现在空中，来往的行人、车马清晰可见，城市景色变化多端，然后会逐渐变得模糊并且消失得无影无踪。这种神秘的景象，被人们称为"海市蜃楼"。

海市蜃楼出现的原理

海市蜃楼的出现是光的折射现象的反映。当光线倾斜地由一种介质进入另一种密度不同的介质中时，光的速度和方向就会发生改变，从而产生折射。空气温度在垂直方向分布反常时，能引起空气密度垂直变化出现反常，从而导致折射的产生，便出现了"海市蜃楼"。

海市蜃楼的两个特点

一是，在同一地点反复出现，比如美国的阿拉斯加上空经常会出现蜃景；二是，出现的时间一致，比如我国山东蓬莱的蜃景大多出现在每年的5—6月，俄罗斯齐姆连斯克附近的蜃景往往出现在春天。

种类众多的海市蜃楼

海市蜃楼不仅能在海上、沙漠中产生，柏油马路上也可能看到。蜃景的种类很多，根据它出现的位置相对于原物的方位，可以分为上蜃、下蜃和侧蜃；根据颜色，可以分为彩色蜃景和非彩色蜃景等。

自然课堂

从古至今，海市蜃楼都是人们关注的热点。在西方神话中，海市蜃楼被人类当作魔鬼的化身，象征着死亡和不幸。在我国古代，人们把海市蜃楼当作仙境，秦始皇、汉武帝都曾派人去蓬莱寻找仙境，并求取灵丹妙药。

黄河奇观——壶口瀑布

万里黄河之上，有一个世界闻名的大瀑布，这就是壶口瀑布。壶口瀑布像一个巨大的壶口，翻滚倾注着滔滔黄河之水。

壶口瀑布的形成条件

壶口瀑布的形成和发育与黄河河道的发育密不可分。在地质时期，壶口之下龙门地区曾发生过强烈的地壳构造运动，产生了断裂，并沿断裂面发生了显著的

相对位移，形成东西走向的断层。黄河流经此断层时，便产生了瀑布急流。瀑布下河床由三叠系砂岩夹薄层页岩组成，质地并不十分坚硬，故日渐被冲蚀，形成深槽。同时，砂岩倾角较缓，只有三四度，几乎近于水平，亦是形成壶口瀑布的重要条件之一。

水量巨大

壶口瀑布的高度一般在15~20米。虽然在我国众多的瀑布中，它的高度不算很大，但它的水量却是我国瀑布之中最大的。巨量的河水，似银河决口，大海倒悬，万马奔腾似的泻下，那景象当是华夏国土上最

自然课堂

黄河从宽阔的河槽突然奔腾到束窄的深槽之中，便倾泻而下，形成瀑布。"悬注漩旋，有若壶然"，《禹贡》上亦记载道："盖河漩涡，为一壶然，故名。"壶口之名由此而来。

为雄壮的奇观之一。数里之外，便可听到壶口瀑布的轰鸣声，瀑布激起的团团水烟雨雾，远远即可看见。倘若走到壶口瀑布附近的岩石上，则感觉像是大地在剧烈地颤抖着，山谷回荡着隆隆的雷鸣般的声响，仿佛在河水的巨大冲击之下，大地、山谷都无法抵抗，任凭河水肆虐。

令人叹为观止的气势和景色

要想尽情地领略壶口瀑布的气势，应该下到河床谷底，蹲到孔道的半当中，此时再抬起头来，眼前是一幅极为壮观的画面：黄河之水似从天上降落下来，跌落到顽石之上，溅起无数的水珠，眨眼之间便化成了缥缈的云雾，在阳光的照耀下，一道道绚丽的彩虹，横跨苍

穹。河水随后又冲落进偏西的一个深槽，奔腾着流向下游。此情此景，恰如"涌来万岛排空势，卷作千雷震地声""映日彩虹连山水，满天风雨不见云"。

黄河三绝

黄河是中华民族的象征，壶口瀑布是华夏子孙所蕴蓄着的无限的内在力量的象征。壶口是黄河的著名天堑，壶口瀑布是万里黄河之上唯一的一道瀑布，它与雄伟多姿的龙门和号称"九河之蹬"的孟门合在一起，组成"黄河三绝"。

月泉晓澈——月牙泉

月牙泉是一泓神奇的泉，自古以来就有传神的记载。千百年来，尽管河西不少名城重镇、关隘哨卡被风沙埋没，许多村庄农舍、植被、牛羊被黄沙侵袭，又尽管鸣沙山"沙声吼如雷，声振数十里"，月牙泉却不被淹没，依然澄碧依旧、月弦如故，这让人不得不称其"奇"。

月牙泉的神奇之处

月牙泉奇就奇在它千百年不枯不竭。狂暴的沙漠和静谧的清泉本是难以共存的，更何况处在暴热、干燥、蒸发量极大的沙漠气候的烘烤之中？但在我国鸣沙山，沙和泉却能悖世之惯例，相克相生，沙不填、泉不

枯，如此神奇景观，还得归功于自然的造化。

月牙泉之所以常盈不枯、恒久生存，是由于泉底有逆断层储水构造。以前鸣沙山中还有几个储水小湖，但都和古河道的大部分河道一起被流沙埋没，唯月牙泉这片残留河湾因地势较高，河流渗漏的地下水汇集于此，又受到周围特殊地形、地势的保护，得以幸存。月牙泉水源来自鸣沙山下含水层位置较高的地下潜流，一般不受外界气候环境影响，水量稳定，再加上处在古河道河湾残留形成的湖盆洼地中，离潜水较近，容易接受地下水的补给，底部水路畅通，所以水面虽小，却仍能涟漪荡漾。

月牙泉不会被淹设的原因

月牙泉之所以不会被淹没，得益于其得天独厚的地理环境。敦煌地区历来西南风较多，刮西风时，由于泉水附近比较潮湿，近处沙坡低缓起伏，较远处又为高

山所挡，因而沙刮不起来，而远处的沙又吹不到泉边；起南风时，泉南有广阔的高台及树木、建筑阻隔，沙子很难落入水中，同时还把北面山脚流泻下来的沙吹卷到鸣沙山上，从而防止了北面山脚的沙子堆积拥向月牙泉；起北风时，主峰另一面的沙子飞速地沿沙丘向山梁上滚动，沙子沿山梁上滚，速度迅急，动能很大，所以吹到山背的沙子速度极快，而靠月牙泉一边主峰坡度极陡，山脚距泉沿近而山高，因此沙子从山脊骤然飞起，凌空而过，飞越月牙泉，落到对岸。而山下因有主峰为屏，几乎无风。这就是"虽遇烈风而泉不为所掩"及"沙挟风而飞响，泉映月而无尘"的原因所在。凡到过月牙泉的人，无不为泉不为风吹、不为沙填且纤尘不染的奇妙神秘的景观惊呼、赞叹。可以说，月牙泉得天独厚的地理环境就是大自然赋予它最好的保护神。

自然课堂

月牙泉被沙山环抱，南北最宽 54 米，东西长近 300 米，泉沿向南凹，向北凸，向东、西两端逐渐变窄变尖，水面形状酷似一弯新月，泉水弓背的一面（北面）距泉边 10 多米处高耸着 200 多米峰峦陡峭的沙山主峰，南面是一片距水面几米高的沙土台地。

喷喷停停——间歇泉

在中国西藏雅鲁藏布江上游的搭各加地区，有一种神奇的泉水——间歇泉。它的喷发周期是喷几分钟、几十分钟之后就自动停止，隔一段时间才再次喷发。间歇泉就是因它喷喷停停、停停喷喷而得名。

间歇泉形成的条件

科学家经过考察指出，适宜的地质构造和充足的地下水源是形成间歇泉最根本的因素。此外，还要满足一些特殊的条件。首先，间歇泉的产生必须要有能源来源。地壳运动比较活跃的地区的炽热的岩浆活动是间歇泉的

能源，因而它只能位于地表稍浅的地方。其次，要形成间歇性的喷发，它还要有一套复杂的供水系统来连接一条深泉水通道。在通道最下部，地下水被炽热的岩浆烤热，但在通道上部，泉水在

高压水柱的压力下又不能自由翻滚沸腾。同时，由于通道狭窄，泉水也不能进行随意的上下对流。这样，通道下面的水在不断加热中积蓄能量，当水道上部水压的

压力小于水柱底部的蒸汽压力时，通道中的水被地下高压、高温的热气和热水顶出地表，造成强大的喷发。喷发后，压力降低，水温下降，喷发因而暂停，为下一次新的喷发积蓄能量。

世界闻名的盖策泉

在冰岛首都雷克雅未克附近，有一眼举世闻名的间歇泉——盖策泉。这个泉在间歇时是一个直径20米，被热水灌得满满的圆池，会有热水缓缓流出。泉水喷发时，池口清水翻滚暴怒，池下传出类似开锅时的咕嘟声，随之一条水柱冲天而起，在蔚蓝色的天幕上飘洒起滚热的"细雨"，这条水柱最高可达70米！

自然课堂

世界著名的间歇泉有：位于新西兰北岛的怀蒙谷间歇泉，位于冰岛西南部的斯特罗克尔间歇泉等。

皖东明珠——琅琊山

琊山位于安徽省滁州市西南约5千米处。宋代大文学家欧阳修的《醉翁亭记》开头吟道："环滁皆山也。其西南诸峰，林壑尤美，望之蔚然而深秀者，琅琊也。"其中的"琅琊"指的就是这里。凭着欧阳修的传世名篇，琅琊山声名鹊起。

著名的岩石景观和泉水

琅琊山的岩石以火成岩为主，由于主体的熔岩出露面积较大，呈现出许多裸露的不同形态的岩沟槽、石芽、石笋，还有隐蔽的溶洞，形成了壮美的岩石构造景观。较为著名的有琅琊洞、归云洞、桃花洞、怀仙洞、雪鸿洞、熙阳洞、秋山洞、重熙洞、花山洞。这些洞穴形态各异，有的门窄而洞广，有的奇险而深邃，有的似流云飞瀑，有的如仙人下凡……进入洞内可见碑碣上字迹斑斑，使人触景生情，浮想联翩，有飘然欲仙之感。

俗话说："山无水不活。"这些名泉、雅池和宽阔的湖面，匀称地点缀于琅琊山风景区内，为琅琊山森林公园带来了无限的活力。在琅琊山地表的冲沟中，常有泉水清溪，清澈透明，甘甜爽口。较为著名的有紫薇泉、让泉、濯缨泉、醴泉、蒙泉、涵泉、琥珀泉、抱璞泉、游泉、玻璃泉等。身在此山中，亦皆潺潺有声，淙淙作响，犹如弦音出韵，楚楚动听。

美丽的池塘和湖面

这里还有许多供人观赏的池塘，如华法池、白龙池、放生池、明月池、统军池等，面积不大，形状各异，确有"半亩方塘一鉴开，天光云影共徘徊。问渠那得清如许？为有源头活水来"的景象。这里还有许多

宽阔的湖面，较大的有位于琅
琊山西北部的城西湖，水面
面积为11.58平方千米；山
南有红花湖和东部的凤凰
湖；深秀湖则位于醉翁亭与
琅琊寺之间。

琅琊山最著名的人文景观是醉翁亭。醉翁亭位于琅琊山东麓，是我国的四大名亭之一，它是北宋年间遗存下来的文物古迹。欧阳修写有《醉翁亭记》一文传世，因其音韵铿锵，脍炙人口，历经900多年辗转吟诵，由此而使醉翁亭名声传遍四方，妇孺皆知。

气温最高——火焰山

在我国新疆维吾尔自治区吐鲁番盆地的北缘，有一座"燃烧"着的山峰，那就是火焰山。古书中将其称为赤石山，而维吾尔语称其为"土孜塔格"，也就是红山，《西游记》中的火焰山指的就是这里。

火焰山名称的由来

据地质学家说，火焰山是天山东部博格达山坡前山带短小的褶皱，形成于喜马拉雅造山运动期间。山脉的雏

形形成于距今1.4亿年前，基本地貌格局形成于距今1.41亿年前，经历了漫长的地质岁月，跨越了侏罗纪、白垩纪和第三纪等几个地质年代。火焰山自东而西横亘在吐鲁番盆地中部，为天山支脉之一。亿万年间，地壳横向运动时留下的无数条褶皱带，加上大自然的风蚀雨剥，形成了火焰山起伏的山势和纵横的沟壑。在烈日的照耀下，赤褐砂岩闪闪发光，炽热气流滚滚上升，云烟缭绕，犹如大火烈焰腾腾燃烧，这就是"火焰山"名称的由来。

火焰山地区炎热的原因

火焰山深居内陆，湿润的气流难以进入，降水稀少，十分干燥，太阳辐射被大气削弱得少，到达地面热量多；地面又无水分可供蒸发，热量支出少，地面温度升得很高，火烫的大地甚至可以烙熟饼、烤熟鸡蛋；而大地又把能量源源不断地传给大气，加上火焰山地处闭塞低洼的吐鲁番盆地中部，一方面阳光辐射积聚的热量

不易散失，另一方面沿着群山下沉的气流送来阵阵热风，由于焚风效应，更加剧了增温作用。以上种种，使这里成了名副其实的"火洲"。

火焰山中最壮美的峡谷

　　火焰山的最高峰位于吐峪沟大峡谷内。吐峪沟大峡谷的东西两峰素有"天然火墙"之称，温度最高时可达60℃。吐峪沟大峡谷浓缩了火焰山景观的精华。沟谷两岸山体本是赭红色，在阳光的照耀下便显得五彩缤纷，且色彩浓淡随天气变化而变幻万千。山涧小溪斗折蛇行向南流去，漫步谷底，溪流清澈。仰望千姿百态的五彩奇石，红色、黄色、褐色、绿色、黑色等多种色彩杂陈于眼前。吐峪沟峡谷山体之奇、山岩之美、涧水之秀、珍果之甜，为其他峡谷所少有，被称为"火焰山中最壮美的峡谷"。

　　火焰山上是光秃秃的一片，寸草不生。每到烈日炎炎的盛夏，红日当空，地气蒸腾，就会形成烟云缭绕的景象，犹如飞腾的火龙，非常壮观。

丹霞地貌——丹霞山

丹霞山被誉为"岭南第一奇山"，山体由红色的沙砾岩组成，沿垂直节理发育的各种丹霞奇峰极具特色，被称为"中国红石公园"。这里是"丹霞地貌"的命名地，狭义的丹霞山仅限于北部的长老峰、海螺峰和宝珠峰构成的山块，以宝珠峰为最高；广义的丹霞山却包括了由红石组成的200多平方千米的丹霞山区。

丹霞山的地质构造

丹霞山区在地质构造中属于南岭山脉中段的一个构造盆地，地质学上叫丹霞盆地。大约在距今1亿年

前，南岭山地强烈隆起，丹霞山区附近相对下陷，形成一个山间湖盆，在湖盆中红色碎屑物质开始堆积。直到距今几千万年以前，在盆地中形成了一层厚度约几千米、粗细相间的红色沉积盆地地层。其上部1000多米厚的坚硬沙砾岩，称为"丹霞组地层"，丹霞山的奇山异石就发育在这层丹霞组地层上。在距今几千万年前，随着地壳的运动，整个湖盆抬升，锦江及其支流顺着裂隙对这一层红色沉积岩下切侵蚀，保存下来的岩层就成为现今人们看到的丹霞山群。

 丹霞山的岩层

构成丹霞山的岩层多呈水平状态，而且粗细、软硬不同。粗大的碎石组成的岩层称作砾岩，一般比较坚硬；粗细均匀的叫砂岩，更细的叫粉砂岩，砂岩和粉砂岩比较软。软弱的岩层更容易受到风化和侵蚀，形成与岩层一致的近水平凹槽或洞穴，坚硬的砾岩则突出为悬崖。日久年深，洞穴加深、扩大，上覆岩层失去重力平

衡就会出现崩塌。所以丹霞崖壁就是过去的崩塌面。如果洞穴进一步被风化或遭到流水侵蚀，穿透了某个山梁或石墙，在上部岩层比较完整的情况下，洞穴可能会保存下来，这就是天生桥或穿洞。

自然课堂

除丹霞山外，还有一些地方是丹霞地貌，如我国的福建武夷山、甘肃张掖祁连山、四川青城山，美国的科罗拉多大峡谷等地。

沉睡巨兽——富士山

富士山是日本的国家象征之一，为日本第一高峰，也是世界知名的旅游胜地。富士山山体高耸入云，山顶白雪皑皑，从远处望去，它就像一把悬空倒挂的扇子，因此也被称为"玉扇"。日本诗人曾用"玉扇倒悬东海天""富士白雪映朝阳"等诗句赞美它。

富士山形成的四个阶段

从类型上看，富士山属于成层火山；从形状上看，富士山属于锥状火山，具有独特的轮廓。富士山的形成主要分为四个阶段：先小御岳、小御岳、古富士、新富士。

先小御岳是2004年东京大学地震研究所在小御岳下发现的山体。富士山形成的四个阶段中，先小御岳的年代最为久远，是在数十万年前形成的火山。古富士是从8万年前左右开始直到1.5万年前左右形成的。

富士山脚下美丽的风景

富士山的南麓是一片辽阔的高原地带，那里绿草如茵，树木掩映下的农庄，依然保留着古色古香的江户风格。山的西南麓有著名的音止瀑布和白系瀑布。音止瀑布似一根巨柱从高处冲击而下，声如雷鸣。白系瀑布落差26米，从岩壁上分成10余条细流降下，形成一个宽130多米的雨帘。富士山的北麓坐落着著名的富士

五湖，从东向西分别为山中湖、河口湖、西湖、精进湖和本栖湖。其中山中湖最大，面积为6.75平方千米。湖东南的忍野村有镜池、涌池等8个池塘，总称"忍野八池"，与山中湖相通。到了春天，在河口湖畔还能看到美丽的樱花，花瓣落在人脚下，会顿时令人感到全身生香。

富士山是世界上最大的活火山之一。从公元781年有文字记载以来，共喷发了18次，最后一次喷发是在1707年，此后一直处于休眠状态。

最高山脉——喜马拉雅山

喜马拉雅，藏语意为"雪的故乡"。喜马拉雅山脉是世界上海拔最高的山脉，它耸立在青藏高原的南缘，分布在中国西藏和巴基斯坦、印度、尼泊尔和不丹等国境内。

独特的地理位置和自然条件

高耸挺拔的喜马拉雅山脉东西横亘，逶迤绵延，呈一向南凸出的大弧形，矗立在青藏高原的南缘。喜马拉雅山脉的南北翼自然条件差异显著，动物和植物的种

类组成截然不同。这种悬殊的自然景观十分奇特，让人不得不惊叹大自然的造化之功。

优美的景色

喜马拉雅山的顶峰终年白雪皑皑，在太阳的映照下，更显得晶莹剔透、绚丽多彩。千百年来，生活在喜马拉雅山区的人们利用河流切穿山脉的山口地带，南北穿行。藏族和其他民族在河谷阶地和缓坡上开垦种地，修筑梯田，种植青稞、燕麦、玉米等作物，并引雪水灌溉，形成了独特的文化。

自然课堂

1960 年 5 月 25 日，中国登山队队员王富洲、贡布、屈银华三人首次从气候恶劣的北坡登上珠穆朗玛峰顶。

最长山脉——安第斯山脉

举 世闻名的安第斯山脉犹如一条长龙纵贯南美洲大陆，它静卧在太平洋的东岸、南美大陆的西部，几乎和太平洋海岸平行。安第斯山脉是世界上最长的山脉，北起特立尼达岛，南至火地岛，全长8900千米。安第斯山脉属科迪勒拉山系，这个山系从北美一直延伸到南美，是世界上最长的山系。

安第斯山脉里的著名峡谷

在秘鲁境内的安第斯山脉高处，有一个峡谷，它

的深度是美国科罗拉多大峡谷的两倍，在雅鲁藏布大峡谷被发现之前曾被认为是世界上最深的峡谷，这个峡谷就是著名的科尔卡峡谷。这里的景色非常罕见，巍巍高山裂开一道口子，看起来像是被一把大刀斩出来的。裂隙底部是科尔卡河，在雨季，河水奔腾澎湃。谷地之上3200米处，群山环绕，积雪的山峰高耸入云。

托罗穆埃尔托沟谷

在安第斯山脉的火山谷与太平洋之间，有一条布满沙石的酷热沟谷，名为托罗穆埃尔托沟谷，无数白色巨砾散布谷内。不少石砾上刻有几何图形和太阳、蛇、驼羊以及头戴怪盔的人的图案，这些图案和符号是谁的杰作，还有待人类去探索。

受安第斯山脉的"挤压"，智利堪称世界上最狭长的国家，从北到南长达4352千米，而东西宽度仅90~400千米。

地球伤疤——东非大裂谷

在 地球表面，没有比东非大裂谷更奇异的地方了。那里就像被人用刀深深地划开了一条长口子一样，在地图上很容易找到这条"疤痕"，人们称它是"地球脸上最大的伤疤"。

东非大裂谷中的裂谷带

未被湖水占据的裂谷带，表现为一条巨大而狭长的凹槽沟谷，宽度为50千米左右。两边都是悬崖峭壁，高度达数百米甚至千米以上。谷底同断崖之间是两条平行的深长裂缝。裂缝深达地壳底部，自然成了地下的炽热岩浆喷出的通道。因此，裂谷带也是大陆上最活跃的火山带和地震带，它总共拥有10多座活火山和70多座死火山。结果就出现了奇异的地貌形态：此处是非洲大陆上地势最低的深沟，有几个湖泊的水面甚至低于海平面。吉布提的阿萨尔湖面海拔为−150米，是非洲大陆的最低点；亚洲的太巴列湖面海拔为−209米；死海湖面的海拔为−395米，是世界上湖面最低的地方。还有几个湖泊的深度也是创世界纪录的：坦噶尼喀湖深1470米，马拉维湖深706米，分别名列世界第二和第四深湖。

东非大裂谷中的熔岩流

沿裂缝涌上来的熔岩流构成了裂谷两岸宏伟的埃塞俄比亚高原和东非高原，前者平均海拔为2500~3000米，为非洲最高部分，素有"非洲屋脊"之称。高原上还遍布高大壮观的火山锥：乞力马扎罗山，夺非洲高峰之冠；肯尼亚山，屈居第二。雪峰与碧波相互映照，显得格外壮丽。

东非大裂谷的"未来"

有人注意到大陆是不断扩张的，东非大裂谷就是这种扩张运动的产物，它每年都会加宽几毫米至几十毫米。如果照这样的速度继续扩张下去，东非大裂谷就会越裂越开，几亿年之后，就会"分娩"出一条新的大洋，它将无情地把非洲大陆一分为二。

人们在坦桑尼亚、肯尼亚和埃塞俄比亚境内的大裂谷中找到了更多更古老的古人类化石，人们总是能在东非大裂谷中不断发现一些意想不到的惊人事物。

人类禁地——死亡谷

北美有一条特大的"死亡谷"，它长225千米，宽6~26千米，面积达1408平方千米，峡谷两侧是悬崖峭壁，阴森荒凉。

死亡谷恶名的由来

由于此地气候极为干旱、炎热，环境恶劣，不少以此谷为捷径前往美国加利福尼亚州淘金的人丧生于此，因此，在这无垠的黄沙中白骨成堆，死亡谷由此得

身边的自然课

名。死亡谷几乎长年不下雨，更有过连续6个多星期气温超过40℃的记录。每逢大雨倾盆，炽热的地方便会冲起滚滚泥流。这里还有"死火山口""千骨谷""葬礼山"等不祥的别称。闻者谈之色变，见者不寒而栗。

对小动物尤其仁慈的死亡谷

死亡谷地形险恶、荒凉，两侧为悬崖峭壁，险象环生，人进去后便很难活着走出来。1949年，美国有一支49人的淘金队来到这里，因迷失方向误入这条山谷，几乎全军覆没。有几个人侥幸脱险爬出，但不久后也不明不白地死去了。此后，曾有多批探险人员前去揭秘，也屡屡葬身谷中，至今仍然未能找到他们死亡的原因。最令人不可思议的是，这个地狱般的死亡谷，竟是飞禽走兽的"极乐世界"。据统计，在这里生存着200多种

鸟类、19种蛇类、17种蜥蜴、1500多头野驴等动物，还有各种各样的小昆虫。它们悠然自得，或飞，或爬，或跑，或卧，逍遥自在。这些飞禽走兽居然能在这个"人间地狱"生活得如此悠闲。时至今日，谁也弄不清这条峡谷为何对人类如此凶残，而对动物却是如此仁慈。

 ## 死亡谷气候干燥的原因

死亡谷内气温极高，蒸发量大，水分难以保持，这是其干燥的原因之一。另一个主要原因是内华达山、帕那敏山以及阿加斯山三座山形成了雨水屏障，使得由太平洋吹来的海风所挟带的湿气几乎没有办法进到谷内，因而此地的降雨概率微乎其微。

美国加利福尼亚州的死亡谷是地球上的怪异地貌之一，谷内一个称为赛车场盐湖的干湖床中，除表面散布着一些巨大怪石之外，可说是一个接近完美的水平地貌，但死亡谷内的怪石到底从何而来，至今仍是未解之谜。

最大沙漠——撒哈拉沙漠

提 及撒哈拉沙漠，人们立即会想到"不毛之地""生命的坟墓"等，将其看作地球上一个难以逾越的生命禁区。的确，撒哈拉沙漠气候条件非常恶劣，是地球上最不适合生物生存的地方之一。"撒哈拉"这个名称来源于阿拉伯语，意为"大荒漠"，同时还有"空虚无物"的意思。

撒哈拉沙漠的地理环境

撒哈拉沙漠西部从大西洋沿岸开始，北部以阿特拉斯山脉和地中海为界，东部直抵红海，南部到

达苏丹和尼日尔河河谷交界的萨赫勒，横贯非洲大陆北部，约占非洲大陆总面积的32％。撒哈拉沙漠将非洲大陆分割成两部分，这两部分的气候和文化截然不同。撒哈拉沙漠的构成并不单一，包括石漠、砾漠、沙漠等多种类型，这里有沙滩、沙丘、沙海等地形。

撒哈拉沙漠曾经的文明

在撒哈拉沙漠这样极其干旱、土地龟裂、植被覆盖稀少的地方，也有过繁荣昌盛的远古文明。只不过，在漫天黄沙的掩盖下，很难寻觅文明的踪迹，目前仅能从沙漠上的大型岩画中窥探到蛛丝马迹。据推测，从公元前2500年开始，撒哈拉已经变成和目前状态一样的大沙漠，成为当时人类无法逾越的障碍。

自然课堂

撒哈拉沙漠中生存着沙鼠、跳鼠、荒漠刺猬、努比亚野驴、胡狼和沙狐等动物，还有超过300种鸟类和一些蜥蜴、蛙、蟾蜍及鳄鱼等。

最低湖泊——死海

死海是世界上海拔最低的湖泊。由于死海中及其四周岸边几乎看不到任何植物和水生动物，故被称为"死海"。

不死之海

死海的含盐量特别高，湖水密度大，水的比重比人体还要大，人掉下去，不仅能浮在水面上，还能像躺在床上一样仰卧在水面上看书、看报，不会下沉，所以人们又叫它"不死之海"。

死海变红了

20世纪80年代初，科学家们发现死海正在变红。原来，死海中正迅速地繁衍着一种红色的盐菌。另外，人们还发现死海中存在着一种单细胞藻类植物。这些发现都证明死海中并非完全没有生命。

"拯救"死海

近年来，有不少人担心，死海真的要"死"了。一方面，几千年漫长的岁月中，死海不断地蒸发、浓缩，湖中的水越来越少，盐度越来越高；另一方面，向死海供水的约旦河由于年降水量很小，河水很大一部分要用于农田灌溉，水源正面临枯竭的威胁。1976年，死海水位迅速下降，它的南部已经开始干涸了。死海如果真的"死"了，那里的环境将随之变迁，后果将不堪设想。如今，周边国家正在想方设法进行补救和保护。

自然课堂

死海里水的盐度特别高，比正常海水咸 10 倍。如果在死海中游泳水溅入眼睛，对眼睛伤害很大。另外，死海浮力大，人在其中很难用正常的姿势游泳。

地球之肺——亚马孙雨林

亚马孙雨林被誉为"地球之肺"。它是神秘的，同时也是富有的，那些叫不出名字的热带树木数不胜数，其中最高的树木达60米。这无边的雨林，几乎占据了全球热带雨林的一半。

亚马孙雨林中的王莲和树懒

在亚马孙雨林，顺着一条在水上用木板搭起的小路钻入高大的绿色丛林，如果能遇见一个明镜一般的湖泊，便可欣赏到湖面上漂浮的这里特有的睡莲——王莲。王莲的叶子呈圆形，硕大如伞一般。莲叶上有尖

刺，叶子很厚，据说在上面站一个人，仍可安然浮在水面上。亚马孙雨林中还有一种叫作树懒的动物，它们一年到头前臂抱树，生活在树上，以树叶为食。

保护亚马孙雨林

　　值得警惕的是，亚马孙雨林当地的土地开发正在给它带来前所未有的伤害。森林砍伐活动、在森林中开荒进行农业耕作和森林火灾已成为亚马孙雨林生态破坏的三大"杀手"。在这里生物多样性正以惊人的速度丧失，森林的减少将使亚马孙河流域气温升高，降水减少，沙漠化进程加剧，土地干涸以致不适于耕作。目前，在雨林周边国家巴西等国，人们的环境意识有所提高，雨林的砍伐速度降低，但是原始森林的保护工作面临的形势依然严峻。

　　亚马孙雨林位于南美洲，横跨八个国家，即巴西（亚马孙雨林 60% 在巴西境内）、哥伦比亚、秘鲁、委内瑞拉、厄瓜多尔、玻利维亚、圭亚那及苏里南。

最大岛群——马来群岛

马来群岛由2万多个岛屿组成，是世界上最大的岛群，约占全世界岛屿面积的20%。群岛上的国家有印度尼西亚、菲律宾、马来西亚、文莱等，有"千岛之国"的美誉。

岛屿众多的原因

为什么会有如此多的岛屿集中在这里呢？这与它特殊的地理位置和地理环境紧密相关。首先，这里是太平洋板块与印度洋板块、亚欧板块交接的地带，几大板块相互碰撞挤压，使这里的地壳褶皱隆起，突出海面，形成海岛。其次，这一带火山、地震活动频繁，容易形

成火山岛。再次，这里的海水温度高，有利于珊瑚虫繁衍，而珊瑚是造岛的能手，于是出现了大量珊瑚岛。最后，这里有十分宽阔的大陆架，随着海陆的沧桑变化，又可以形成面积较大的大陆岛。

 农业经济和森林资源

马来群岛的农业经济占绝对优势，主要农作物是水稻，也生产甘薯和木薯，经济作物有橡胶、烟叶等。岛上森林资源丰富，可提供贵重木材、树脂、藤条等，还蕴藏有丰富的石油、天然气、锡矿等资源。

由于马来群岛上主要居住着马来人，因此被称为马来群岛。而在中国，马来群岛又被称为南洋群岛，是因为这里居住着大量海外华侨。

风化岩石——波浪岩

在澳大利亚西南内陆地区的海登镇附近，有一个名叫海登岩的巨大岩层，在它的北端有一座向外伸悬的岩体因形似一片席卷而来的波浪，被称为波浪岩。

由花岗岩构成的波浪岩

波浪岩是由花岗岩构成的，大约在25亿年前形成。经过大自然力量的洗礼，波浪岩表面被刻画成凹陷的形状，加上日积月累的风雨的冲刷和早晚巨大的温差，渐渐地被侵蚀成波浪的形状。整个侵蚀进化过程十

分缓慢，但是现今呈现在人们眼前的景象却如此壮观，不禁让人感叹大自然的力量真是巨大无比！

波浪岩表面线条的成因

波浪岩表面满布线条。这是由于，含有酸性物质的雨水冲刷时，带走了岩石表面的化学物质，同时产生化学作用，因而在岩石表面形成黑色、灰色、红色、咖啡色和土黄色的条纹。这些深浅不同的线条使波浪岩看起来更加生动，就像滚滚而来的海浪。

波浪岩地区美丽的景色

长久以来，波浪岩一直被埋没在西澳洲中部的沙漠里。直到1963年，一位著名的摄影师在一次旅行中拍摄了波浪岩的画面，在美国纽约的国际摄影比赛中获

奖。之后，这张照片又成为美国《国家地理》杂志的封面，波浪岩一时名声大噪。要想捕捉到波浪岩岩面不同的颜色，宜选在午后取景，因为这是一天当中波浪岩线条颜色最鲜明的时候。波浪岩附近另有一座美丽的岩石，名叫马口。它是一座空心岩，外形像河马的嘴。向北几千米处还有一组形状奇异的岩石，名叫驼峰岩。造访这里的蝙蝠山洞，还可以欣赏到澳洲原住民的古代壁画遗迹。波浪独特的自然人文景致，吸引了无数游客前来一探大自然的奇妙变化。

波浪岩并不是一座独立的岩石，而是由海登岩、马口、驼峰岩等连成的风化岩石群。

顶部平坦——平顶海山

在夏威夷群岛、加罗林群岛、马绍尔群岛和斐济群岛一带的深海海底，有一座座奇异的海山，它们的顶部像被截掉一样，都是平坦的，被称为"平顶海山"。

平顶海山的形貌

平顶海山除太平洋外，在大西洋和印度洋中也有，它们有的孤独地耸立于海底，有的成群出现。平坦的顶部为圆形或椭圆形，直径从几百米至二三十千米，顶部

离海面最浅为400米，最深为2000米。美国海洋地质学家赫斯对此进行了较为系统的研究，他认为平顶海山是沉没了的岛屿，就像神话中描述的"亚特兰蒂斯"。

🏔 与平顶海山相关的说法

人们从平顶海山的顶部打捞到了呈圆形的玄武岩块，据此有人认为，它们可能是一座座海底火山，顶部是火山口，被火山灰等物质填平了，所以呈现平顶。年龄测定表明，它们形成于距今1亿年至2500万年间的火山大喷发时期，这就给"火山说"提供了一个依据。20世纪50年代，人们从太平洋西南的凯普-约翰平顶海山的顶部打捞到造礁珊瑚、厚壳蛤以及层孔虫等生物化石，之后在太平洋中部又有类似的发现，表明平顶海山的顶部曾有过珊瑚礁发育。造礁珊瑚需要生活在有光照的水体里，因而其生存的最大水深在50米左右。这说明曾有一段时期，海山顶部的水深不超过50米。由于此期海山顶部离海面近，风浪就有可能将其削平，并在其上发育造礁珊瑚。以后，海山下沉，沉到水深400米以下的地方，所以平顶海山上就残留着以前发育的造礁珊瑚和其他喜礁生物。但美国学者德利指出，海底火山不一定发生过上升和下沉，可能是因为在天气寒冷的冰川时期，海平面大幅度下降，使海底火山的顶部露出海面被风浪削去。然而有些平顶海山的顶部直径达二三十千米，说它是被风浪削平的似乎难以使人相信。

著名海洋地质学家孟纳德认为，太平洋中的平顶海山都位于一片原来隆起的地壳上，他称这为"达尔文隆起"。这些隆起的海山顶部接近海面，被风浪削平，而后整个隆起下沉，便形成了今日的"平顶海山"。但有一些人不同意孟纳德的见解，他们认为没有事实证明"达尔文隆起"曾经存在过。看来，要想解开平顶海山之谜，科学家们还须做进一步的努力和探索。

海底平顶山又叫作盖奥特。第一位发现海底平顶山的是美国海洋地质学家哈里·哈蒙德·赫斯，这位海洋地质学家为了纪念他的瑞士地理老师而将其命名为盖奥特。

南极奇迹——南极不冻湖

南极在地球的最南端，一提起它，人们的第一反应就是"冷"。在南极，放眼望去，只能看到皑皑白雪银光闪烁。然而，有趣的自然界却奇妙地向人们展示了它那魔术般的奇迹：在这寒冷的世界里，竟然存在着一个"不冻湖"。

南极不冻湖的水温变化

南极不冻湖表面薄冰层下的水温为0℃左右，湖水越深，水温越高。到达16米深左右时，水温已经升至

7.7℃，直到40米深处仍保持着这个温度；40米以下，水温又开始逐渐升高；到了50米深处，水温攀升的幅度突然加大；到了66米深的湖底，水温竟能达到25℃。

南极不冻湖不结冰的原因

"不冻湖"为什么"不冻"呢？科学家们对此提出了各自不同的见解。

有的科学家认为，这是气压和温度在特殊条件下交互作用的结果。持这一见解的人指出：3000多米冰层下的压力可达到278个大气压，在这样强大的压力下，大地所放出的热量比普通状态下所放出的热量多，而且冰在零下2℃左右就会融化。另外，冰层还像地毯一样阻止了热量的散发，使得大地所放出的热量得以积存。

另有一些科学家则认为：在南极的冰层下极有可能存在着一个由外星人建造的"秘密基地"，是他们在活动场所散发的热能将这里的冰融化了。

还有科学家指出：这是个"温水湖"，很有可能在水下有个大温泉把这里的水温提高了，将冰融化了。可有人却提出疑问：如果这里有温泉水不断流入湖里，为什么湖上的冰冠没有一点儿融化的迹象呢？为了解

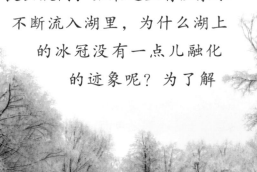

释这一问题，人们在冰层上架起了钻机，取出了冰下的样品，发现湖底的水完全是凉的。这就说明湖下并不存在温泉，湖水不是由于温泉热起来的。

还有一些科学家推测，湖水是由太阳晒热的。他们是这样解释的：这个四周被冰山包围的湖实际上是一潭死水，它很容易聚热。这里的冰层起到了一个透镜的作用，这种透镜作用可以使太阳光线聚焦，成了湖上的一个热源，当阳光照在四面冰山上的时候，少量光线被折射并聚焦于这个"透镜"上，天长日久，就形成了"不冻湖"。但也有人提出，为什么太阳不会把湖上的冰融化呢？如果湖上的冰起到透镜的作用，那么，为什么在其他的地方没有出现这种现象呢？

围绕"不冻湖"的问题，各种推论、猜测纷纷被提出。然而，直到现在为止，还没有一个科学家能拿出令人满意、使人信服的结论。

南极大陆几乎完全被几百至几千米厚的坚冰覆盖，气温在零下五六十摄氏度，石油在这里像沥青似的凝固成黑色的固体，煤油在这里由于达不到燃点而变成了不可燃物。

有趣的
花草
树木
YOUQUDE
HUACAO
SHUMU

身边的
自然课

宋　飞◎主编

应急管理出版社
·北京·

图书在版编目（CIP）数据

有趣的花草树木／宋飞主编 . -- 北京：应急管理
出版社，2023

（身边的自然课）

ISBN 978 - 7 - 5020 - 9425 - 6

Ⅰ.①有… Ⅱ.①宋… Ⅲ.①植物—儿童读物 Ⅳ.
①Q94 - 49

中国版本图书馆 CIP 数据核字（2022）第 130956 号

有趣的花草树木（身边的自然课）

主　　编	宋　飞
责任编辑	高红勤
封面设计	天下书装

出版发行　应急管理出版社（北京市朝阳区芍药居 35 号　100029）
电　　话　010 - 84657898（总编室）　010 - 84657880（读者服务部）
网　　址　www.cciph.com.cn
印　　刷　天津泰宇印务有限公司
经　　销　全国新华书店

开　　本　880mm×1230mm$^{1}/_{32}$　印张　10　字数　200 千字
版　　次　2023 年 2 月第 1 版　2023 年 2 月第 1 次印刷
社内编号　20220272　　　　　定价　68.00 元（共四册）

形状像小喇叭的牵牛花为什么只在早上开花？鹦鹉为什么能模仿人说话？可爱的大熊猫为什么喜欢吃竹子？火焰山真像《西游记》中写的那样热吗？……

在自然界中，我们身边这些看似熟悉的植物、动物、景观，其实蕴藏着各种鲜为人知的秘密。不管身处怎样的环境中，它们都用自己独特的存在方式展现着大自然的美妙，与我们相依相伴。

为了让孩子们对身边的大自然有更深刻、更具体的认识，我们精心编写了这套《身边的自然课》丛书。本套丛书从"有趣"的角度，介绍了花草树木、飞鸟鱼虫、哺乳动物、自然奇观等方面的知识，内容丰富，不仅能满足孩子们的求知欲，还能解答孩子们心中的疑惑。同时，书中还配有相应的插画与实物图，方便孩子们识别和记忆，可以让孩子们在增长知识、开阔视野的同时，提高观察力与想象力。

赶快打开这本书，让孩子们在轻松的阅读氛围中与大自然成为朋友吧！

目录

喜闻乐见的花卉

牡丹
5
花中之王

菊花
7
花中隐士

月季
9
花中皇后

人参
47
百草之王

含羞草
45
一碰即合

马齿苋
43
长寿蔬菜

白茅草
41
完美杂草

薄荷
39
清凉宜人

狗尾巴草
37
田间杂草

蒲公英
35
随风飞扬

郁郁葱葱的树木

黄连
50
苦口良药

猪笼草
52
食虫植物

杨树
55
树干笔直

柳树
57
生命力强

槐树
59
广泛种植

鸡冠花
11
花中之禽

夜来香
13
孤芳自赏

兰花
15
花中君子

水仙花
17
凌波仙子

百合花
19
云裳仙子

梅花
21
花中之魁

荷花
23
水宫仙子

别有风趣的小草

油菜花
32
香气四溢

牵牛花
30
形似喇叭

向日葵
28
向阳而生

迎春花
26
迎接春天

梧桐树
61
栖凤之木

松树
63
岁寒不凋

枫树
66
叶红似火

桃树
68
春暖花开

梨树
71
花白如雪

银杏树
73
树中寿星

石榴树
75
硕果累累

苹果树
77
枝繁叶茂

喜闻乐见的花卉

花中之王——牡丹

牡丹是我们生活中一种常见的植物，庭院中、公园里都能见到它的身影。它喜欢生长在干燥且充满阳光的环境中，在肥沃、排水良好的中性沙质土壤中生长良好。牡丹开的花非常大而且极其艳丽，素有"百花之王"的美称。

牡丹花的种类和颜色都很丰富。根据花瓣层次的多少，传统上将花分为单瓣类、重瓣类、千瓣类。在这三大类中，根据花朵的形态特征又可以分为葵花型、荷花型、玫瑰花型、半球型、皇冠型、绣球型六种花型。根据颜色分，有红牡丹、白牡丹、紫牡丹、黄牡丹、粉牡丹，还有罕见的黑牡丹和绿牡丹呢！

荷花型牡丹

白牡丹

紫牡丹

粉牡丹

牡丹是我国常见的一种花卉，不仅种类众多，用处也很多：

牡丹籽油

牡丹籽油可用来烹饪，还有降低血压、血糖和血脂的作用。

牡丹羹

牡丹花瓣可用来配菜以及制作牡丹羹和牡丹酒。

白牡丹茶

白牡丹还能制成茶叶，口感醇厚，茶香味浓。

科学奥秘

牡丹是河南省洛阳市的市花，自古就有"洛阳牡丹甲天下"的美誉。洛阳每年都会在牡丹盛开的时节举办中国洛阳牡丹文化节，其前身为洛阳牡丹花会，距今已有1600多年历史。文化节期间，中外游人群集，共赏牡丹的国色天香。

花中隐士——菊花

菊花是我国十大名花之一，深受人们的喜爱。人们不仅会在家里栽种菊花，还会在每年秋天举行菊花会、菊花展等多种形式的赏菊活动。菊花作为一种短日照植物，喜欢阳光，在短日照下能够早早地开花，在干旱的环境下也能茁壮成长。

菊花生长旺盛，萌发力强，种类众多，颜色各异。形状有管瓣、平瓣、匙瓣等多种类型，颜色有黄色、白色、紫色、绿色、粉红色、暗红色等。

黄菊花

紫菊花

绿菊花

白菊花

粉红菊花

菊花能散发出淡淡的清香，不仅具有极高的观赏价值，还有其他用处：

菊花茶

菊花酒

菊花能制作菊花茶，喝下之后沁人心脾。

菊花既能酿造出菊花酒，又能制作出美味的佳肴。

从古至今人们不仅崇尚菊花的美丽，而且敬仰它铁骨傲霜的精神。因为菊花的适应性很强，具有独特的抗寒本领，它体内含有许多糖分，所以即便在寒冷结冰的天气里，也能顽强地生长、开放。为此，人们常把它比作"花中英雄"。它不怕寒冷的精神常鼓舞人们自强不息、奋斗不止，所以就有了"战地黄花分外香"这样的佳句。

科学奥秘

菊花是中国北京、太原、德州、芜湖、中山、湘潭、开封、南通、潍坊、彰化等市的市花。

花中皇后——月季

月季又称月月红，是常见的一种植物，人们常用它来布置花坛、庭院等。月季的适应性很强，耐寒、耐旱，在日照充足、气候温暖、空气流通的环境中生长得最好。月季四季开花，花瓣鲜艳阔厚，经久不谢，还带有淡淡的清香，被称为"花中皇后"。

月季花色彩艳丽、丰富，有红色、粉色、黄色、白色、橘色等。它也有很多品种，主要包括藤本月季、灌木月季、丰花月季（聚花月季）、树状月季、微型月季、壮花月季、大花香水月季、地被月季等。

橘色月季

黄色月季

粉色月季

红色月季

月季花不仅颜色艳丽、芳香四溢，还有很多用处：

月季花最主要的用途是布置园林，制作盆景、花篮、花束等。

月季花香包

月季花可制成香料，将制成的香料放在香包中戴在身上，非常清香。

根、叶、花可入药

月季花的根、叶、花均可入药，具有活血消肿、消炎解毒的功效。

科学奥秘

在全世界范围内，月季花是人们表达关爱、友谊，欢庆与祝贺最常用的花卉之一。

花中之禽——鸡冠花

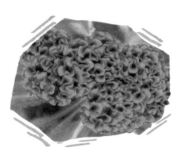

鸡冠花是庭院中一种常见的花，它的花不是单独的一朵，而是由许多小花组合在一起形成的花序，扁平而肥厚，因外形似鸡冠而得名，有"花中之禽"的美誉。鸡冠花适合生长在阳光充足的环境中，不耐寒，怕潮湿和霜冻，一遇到霜便不能存活。它对土壤的要求是疏松肥沃、排水性良好，千万不可浇水过多。

鸡冠花的形状有鸡冠状、绒球状、羽毛状、火炬状、扇面状等；花的颜色有鲜红色、橙黄色、暗红色、紫色、白色、红黄相杂色等；叶的颜色有深红色、黄绿色、翠绿色、红绿色等。

火炬状鸡冠花

羽毛状鸡冠花

扇面状鸡冠花

鸡冠花颜色众多，不仅具有极高的观赏价值，在医学和园林中也有很多用处：

花序
可入药

鸡冠花的干燥花序性凉，味甘、涩，功效是收敛止血、止带、止痢等。

鸡冠花是夏秋季常用的花坛用花，具有绿化、美化和净化环境的多重作用。

科学奥秘

鸡冠花原产自印度，现今世界各地均有栽培。鸡冠花于唐朝时传入中国，自此便在我国代代繁衍。在古代，鸡冠花是一种颇为神圣的花，古人在中元节时会用它来祭祀祖先，以表怀念。

孤芳自赏——夜来香

夜来香又叫夜香花、夜兰香、夜丁香等，是我们生活中一种常见的植物。大部分的花都在白天开放，但是夜来香不是这样，只有到了夜间，它才会开花并散发出浓郁的香气。夜来香的花冠呈黄绿色、高脚碟状，小枝披柔毛、呈黄绿色，老枝呈灰褐色。夜来香喜温暖湿润、阳光充足、通风良好、土壤疏松肥沃的环境，主要生长在山坡灌木丛中。

夜来香都是在夜间开花，它这种夜间开花的习性，其实是经过长时间的演化而形成的。这是夜来香对

环境的一种适应性表现。我们知道很多植物都是依靠昆虫传粉来繁殖后代的。在白昼，花开香飘，迎候使者，它们依靠白天活动的昆虫来为自己传播

花粉。夜来香多分布在亚热带地区，而该地区白天气温较高，飞虫一般在晚上觅食，所以，夜来香就只能靠夜间活动的飞蛾来传粉了，因此夜来香一般在夜晚开花。

总是在晚上开放的夜来香有很多价值，如观赏价值、食用和药用价值：

夜来香枝条细长，芳香四溢，可种植在庭院中用来观赏。

叶、花、果可入药

夜来香不仅可用来观赏，还可食用和药用。在我国华南地区，人们常取夜来香的花与肉类混合煎炒食用。

科学奥秘

因为夜来香在夜间会停止光合作用并排出大量的废气，对人的健康极为不利，所以晚上不应在夜来香花丛前久留。

花中君子——兰花

兰花又叫胡姬花，是一种风格独特的花卉，它幽郁清雅，香气袭人。兰花喜欢阴暗、湿润的环境，喜肥沃且富含大量腐殖质的土壤，忌阳光直射、干燥的环境。

兰花的种类众多，主要有莎叶兰、冬凤兰、大根兰、落叶兰、独占春、建兰、长叶兰、多花兰、春兰、斑舌兰等；颜色有白色、纯白色、白绿色、黄绿色、淡

大根兰

斑舌兰

白绿色兰花

紫色兰花

白色兰花

黄色、淡黄褐色、黄色、红色、青色、紫色等。

兰花的用处有很多，如观赏、药用、食用等：

兰花花开之日，清香阵阵，在室内
放置几盆兰花，会使人心旷神怡。

全草可入药

兰花全草性平，味辛、甘，无毒，
具有养阴润肺、利水渗湿、清热解毒等
功效。

科学奥秘

在马达加斯加有一种兰花，花距细长，花蜜深陷其中，
有一种昆虫却能吸到花蜜。这是一种嘴很长的蛾子，它将又
细又长的嘴伸入花距，就好像用吸管吸蜜糖一样，就这样，
兰花完成了授粉。

凌波仙子——水仙花

水仙花又叫雅蒜、金盏银台、玉玲珑，是我国的十大名花之一。水仙花的鳞茎肥大，呈球状，外披棕褐色皮膜，和蒜很像，长出的叶片呈扁平带状，苍绿色，很像蒜叶。正是因为水仙花具有独特的外形，所以有"水仙不开花——装蒜"的有趣说法。水仙花喜水、喜光、喜肥沃的砂质土壤，主要生长在温暖、湿润的环境中。

水仙花有两种类型，一种单瓣，一种重瓣。单瓣水仙花呈白色，中心有一个金黄色环状副冠，像个小杯子，香气十分浓郁；重瓣水仙花形不如单瓣的美，香气也较差，是水仙花的变种。

单瓣水仙花

重瓣水仙花

水仙花的用处有很多，可观赏、可制作香水等：

放在室内的水仙花

水仙花制成的香水

水仙花不仅具有观赏价值，还是一种很好的装饰品，将水仙花放在客厅中，能带给人一种宁静、温馨的感觉。

水仙花的花香比较清郁，从花中提取的鲜花芳香油，经提炼以后可制成香精、香水、香料等。

水仙花不仅养起来简单，而且可以"花随人意"开呢！如果想推迟花期，可以降低水温或者傍晚时把盆里的水倒尽，第二天清晨再加清水。如果想让水仙花早点儿开花，可以通过给水加温来催花。

科学奥秘

水仙花之所以能够在水中生存，是因为水仙花像洋葱一样，有一个大大的球根——鳞茎。鳞茎里储存了大量的养分，足够供给它成长和开花，使它完全没有必要从土壤中吸取养分，所以水仙花在水里也能存活。有时候，为了避免水仙花生长得太快，人们甚至会将水仙花的鳞茎切除一部分。

云裳仙子——百合花

百合花被人们视为纯洁、自由和幸福的象征。它的花冠大，花筒长，呈漏斗形、喇叭状，有"云裳仙子"之称。百合花喜欢温暖湿润、阳光充足的环境，怕高温和湿度大的环境。百合花的生命力特别顽强。开花过后，有的人就会把它的球根扔掉。其实，它仍有再生能力。只要将残叶剪除，并将球根挖出，放入塑料密封袋，放在温度0°C左右的环境中冷藏，第二年种在土里还可以开出花来。

百合花的品种不同，颜色也不一样，以黄色、白色、粉红色居多，也有长着紫色或黑色斑点的，还有一

黄色百合花

粉红色百合花

白色百合花

朵花上变换多种颜色的，非常漂亮。

　　百合花是常见的一种观赏花卉，除此之外，它还有很多用处：

　　　　　　百合花姿态雅致，叶片青翠娟秀，可制成花束送给亲朋好友。

鳞茎和花可入药

　　我国传统中医理论认为百合的鳞茎和花均具有润肺、清火、养阴、安神的功效，主治阴虚燥咳、劳嗽咳血、虚烦惊悸、失眠多梦等。

百合香水

　　　　　　百合花中含有芳香油，可制作香水。

科学奥秘

　　在我国，百合花具有家庭美满、伟大的爱的寓意，希望收到该花的人能具有单纯天真的性格，集众人宠爱于一身。

花中之魁——梅花

梅花是我国的传统名花之一，最适合栽在庭院里、草坪上，象征着快乐、幸福、长寿、顺利、和平，被誉为"五福花"。梅花之所以能够在冬天开放，是因为它的花蕾被一层带有蜡质的叶片保护着，不容易被冻坏；另外梅花先开花后长叶，花与叶不相见，所以梅花开花的时候不需要太多的水分，再加上千百年来形成的不畏严寒的习性，梅花自然不怕冷了。

我国栽培梅花的历史比较久远，品种也有很多，可分为果梅和花梅两大类，其中花梅主要有直脚梅类、照水梅类、龙游梅类、杏梅类。梅花的颜色也有很多，

粉红色梅花

黄色梅花

红色梅花

白色梅花

如紫红色、粉红色、黄色、红色、白色等。

　　梅花兴起的时间非常早，我国古代就有了赏梅的活动。除观赏之外，梅花还有其他用处：

　　梅花经过修剪后可以做成各式盆景，也可以将其插在花瓶中，供室内装饰用。

花蕾可入药

　　梅花的花蕾味微酸、涩，性平，具有开郁和中、化痰解毒的功效。

科学奥秘

　　梅花是花中的"寿星"，我国不少地区还存有千年古梅。湖北黄梅县有一株1600多岁的晋梅，至今还在开花。梅花斗雪吐艳、凌寒留香、铁骨冰心、高风亮节的形象，鼓励着人们要坚忍不拔，自强不息。

水宫仙子——荷花

荷花又名莲花、水芙蓉等，在夏天，水池里总能见到荷花的身影。它的根茎长在池塘或河流底部的淤泥里，而荷叶、花梗挺出水面，风姿绰约，像仙女一样亭亭玉立，层层叠叠的花和又圆又大的叶交相辉映，美丽极了。荷花喜欢生长在相对平静的浅水、湖、沼泽地、池塘中，需水量根据其品种而定。

荷花洁白无瑕，是高尚纯洁的象征，故而人们都以荷花"出淤泥而不染，濯清涟而不妖"的高尚品质作为激励自己洁身自好的座右铭。荷花之所以具有"出淤泥而不染"的特性，是因为它的叶的表层布满了蜡质，

而且有许多乳头状突起，突起之间充满着空气，挡住了污泥浊水的渗入。当它的叶芽和花芽从污泥中抽出时，由于表层蜡质的保护，污泥浊水很难沾附上去，即使有少量污泥沾附在叶芽或花芽上，也被荡漾的水波冲洗干净了。所以，荷花能够一直清洁干净。

荷花是最古老的双子叶植物之一，我国早在3000多年前就有栽培，其品种和颜色非常多。品种有古代莲、东湖红莲、东湖白莲、唐婉、碧莲、落霞映雪等；颜色有白色、粉红色、红色等。

白色荷花

粉红色荷花

红色荷花

荷花浑身上下都是宝，不仅能食用还能药用，如：

莲子粥

莲子可生吃，也可制成莲子粥、莲子粉等，吃起来美味极了。在医学上，莲子还有养心、益肾、补脾的功效。

莲　子

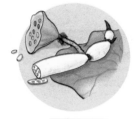

藕　节

莲藕猪蹄

　　莲藕在食用时要削去外皮，可制成藕片夹肉或与肉一起炖食。在医学上，藕节具有止血、散瘀的功效。

荷叶鸡

　　荷叶晒干后可泡水喝，也可用来烹制食物，如荷叶鸡。在医学上，荷叶具有清暑利湿、升阳止血、减脂排瘀的功效。

科学奥秘

　　我国西湖有一处欣赏荷花的名园——曲院风荷。据说，曲院风荷在南宋时期是酿造官酒的作坊，作坊里的人闲来无事便在院中种植了大量的荷花，这些荷花每到夏季盛开时，香飘满园，其中还夹杂着浓浓的酒香，曲院风荷便因此得名，也成为西湖十景之一。

迎接春天——迎春花

迎春花又名迎春、金腰带，因为百花之中迎春花开得最早，而花开后就会迎来春天，因此得名迎春花。迎春花枝条下垂，花单生，花萼为绿色，花冠为黄色。迎春花喜欢光照，在温暖、湿润的环境，疏松肥沃、排水良好的沙质土壤中生长得最好，被种植在湖边、桥头、墙边、坡地等处，供人们欣赏。

迎春花和连翘花都是木犀科落叶灌木，虽然它们之间有很多相似之处，如开花时间、花的颜色、花的外

形，但若是仔细观察，其实它们的区别还是很明显的：迎春花的小枝为绿色，而连翘花的小枝颜色非常深，一般为浅褐色；迎春花有6枚花瓣，而连翘花只有4枚花瓣；迎春花不结果实，而连翘花结果实。

连翘花

迎春花

迎春花最主要的价值是用于观赏。

迎春花花色金黄，叶丛翠绿，是较好的园林花卉，可用来装饰园林和客厅。

科学奥秘

迎春花是我国常见的花卉之一，因耐寒与水仙花、梅花、山茶花统称为"雪中四友"。迎春花不但花色端庄秀丽，气质非凡，而且具有极强的适应能力，历来为人们所喜爱。

向阳而生——向日葵

向日葵又名朝阳花、转日莲、向阳花。它有一个黄色的大花盘，花盘的周围有一圈黄色的舌状小花，中间是管状的小花籽，外形酷似太阳。向日葵对环境的适应能力较强，喜欢温暖的环境，又耐严寒，一年四季都可以种植。

向日葵有一个与别的植物都不一样的特点，那就是它的花总是向着太阳开放。科学家们研究发现，这是由植物生长素引起的。说到植物生长素，它真的很有意思，阳光在哪儿，它就会从哪儿逃开，就好像是故意这样做一样。比如早上，向日葵的花盘朝东，生长素就从向阳的一面跑到背阳的一面去，这样一来，背阳那一面的组织生长就加快了，花盘和茎部的背阳部分便长得快；向阳的一面长得慢，植株就弯曲起来。向日葵的花盘就这样总是朝向太阳生长。

向日葵不仅具有向阳生长的"本领"，还有很多用处：

向日葵的花朵明艳大方，适合观赏，也可制成花束。

葵花油

向日葵的种子具有经济价值，不但可以做成受人喜爱的葵花子，而且可以榨出胆固醇含量很低的高级食用葵花油。

向日葵还有净化环境的作用，可以去除环境中的污染成分，其根部还有修复土壤的功能。

科学奥秘

向日葵的大花盘在远处看就像一朵花，实际上它是由几百朵小花组成的。簇生花朵规律的排列方式被称为花序，而像向日葵这样由许多小花组成的大花盘就叫头状花序。

形似喇叭——牵牛花

牛花是路道旁、田野里常见的一种花，可供人欣赏。每到夏天和秋天，路边总能见到各种颜色的牵牛花，因为它开出的花就像一个个小喇叭，所以又叫"喇叭花"。牵牛花喜欢暖和、凉快的环境，不耐寒，怕霜冻，喜肥沃疏松的土壤，能耐水湿和干旱。

牵牛花有很多种颜色，如白色、蓝色、绯红色、桃红色、紫色等，亦有混色的。

蓝色牵牛花

绯红色牵牛花

紫色牵牛花

混色牵牛花

牵牛花作为路边常见的一种花卉，不仅具有观赏价值，还有药用价值：

颜色众多的牵牛花，映入眼帘让人心旷神怡。

牵牛子

牵牛花的种子名为牵牛子，性寒，味苦，是常用的一种中药，有泻水通便、消痰、杀虫的功效。

牵牛花都是在早上开花的，这是因为牵牛花的花瓣又大又薄，含有丰富的水分，一旦被太阳照射，花瓣里的水分就会马上蒸发掉，所以牵牛花要赶在阴凉的早晨开花。而一旦阳光变得强烈了，牵牛花的花朵就会很快闭合上。

科学奥秘

牵牛花还有个俗名叫"勤娘子"，顾名思义，它是一种很"勤劳"的花。每当清晨公鸡刚啼叫一遍，绕篱萦架的牵牛花就会开出一朵朵花来。晨曦中，人们一边呼吸清新的空气，一边饱览点缀于绿叶丛中的牵牛花，真是别有一番情趣。

香气四溢——油菜花

油菜花是我国常见的一种花，花为两性，花瓣有4枚，呈十字分布，质地轻薄如纸，颜色明黄，非常耀眼；果实为角果，成熟时会裂开，散出里面的种子，种子呈紫黑色。油菜花喜冷凉，具有较强的抗寒能力。

油菜花的花瓣十分精致，纹路精细，就算是技艺高超的雕刻师也无法将其雕刻出来。4片花瓣整整齐齐地围绕着花蕊，中间的花蕊弯弯曲曲地凑在一起，就像说悄悄话的姑娘，坚挺的根茎就像农民伯伯一样纯朴、坚韧。

油菜花作为常见的一种花，具有很多用处：

蜜蜂与
油菜花

油菜花不仅是一种观赏花卉，还能为蝴蝶提供起舞场所，为蜜蜂提供花蜜。

菜籽油

油菜花是我国第一大食用植物油原料，它的种子可以用来榨油，我们称其为菜籽油，主要取自甘蓝型油菜和白菜型油菜的种子。

油菜汁

油菜花榨成的汁具有预防高血压、贫血、伤风等功效。

科学奥秘

菜籽油色泽为金黄色或棕黄色，带有一定的特殊气味，因此不适合直接用来做凉菜，但特优品种的菜籽油是没有这种味道的。

别有风趣的小草

随风飞扬——蒲公英

到蒲公英出现的季节，路道旁、田野里、河滩边等都会看到它的身影。蒲公英又名婆婆丁、黄花地丁、黄花郎、木山药等，是菊科多年生草本植物。它的花茎是空心的，折断之后会流出白色的汁。花朵呈亮黄色，由很多细花瓣组成，花瓣向上竖起，闭合时犹如一把黄色的鸡毛帚，点缀在碧绿的草丛中，非常可爱。

蒲公英的生命力非常旺盛。成熟之后，它那黄色的花会变成一朵圆圆的大绒球，这个绒球由若干个带着一粒种子的蒲公英伞组成。一阵风吹来，茸毛带着种子飞起来，就像一把把小小的降落伞，带着果实，乘风飞扬。

蒲公英花

蒲公英种子

蒲公英不仅拥有惹人怜爱的外形，还具有食用和药用价值：

凉拌蒲公英

蒲公英馅饺子

嫩蒲公英可以凉拌、烧汤或烹炒，老蒲公英可以拌肉做饺子馅儿。

全草可入药

蒲公英全草具有清热解毒、利尿散结的功效，主治急性乳腺炎、淋巴腺炎、疔毒疮肿等。

科学奥秘

在植物进化的过程中，很多植物会利用自然的力量来传播种子，蒲公英便是借助风力繁衍后代的行家。

田间杂草——狗尾巴草

　　农田里、路道旁和荒地中总能看到狗尾巴草的身影。它是旱地作物常见的一种杂草，具有极强的适应能力，在干旱、贫瘠、酸性、碱性的土壤中均能生长。

　　狗尾巴草的亚种有巨大狗尾草和厚穗狗尾草两种。巨大狗尾草的植株粗壮高大，叶鞘比较松，花序大，小穗密集；厚穗狗尾草的秆匍匐状丛生，矮小细弱，基部膝曲斜向上升或直立，圆锥花序呈椭圆形或卵形。

　　狗尾巴草作为一种杂草，对农作物的生长没有什么好处，但是它在其他方面有很大的作用：

　　狗尾巴草的秆、叶子可作为牛、驴、马、羊等动物的食物。秋季的干狗尾巴草可以作为一种生火材料，用来烧水、做饭等。

秆和叶可入药

　　狗尾巴草还具有一定的药用价值，具有清热利湿、祛风明目、解毒杀虫等功效。

科学奥秘

　　田地里的狗尾巴草会与农作物争夺肥料、水分和土壤中的营养物质，进而导致农作物减产。除此之外，狗尾巴草还是叶蝉、蚜虫、小地老虎等多种害虫的寄主，生命力顽强，会危害田间农作物的生长。

清凉宜人——薄荷

我国大部分地区均有薄荷生长，在山野湿地、河流旁常可见到它们的身影。薄荷是一种多年生草本植物，秋天开红、白或紫红色小花。薄荷喜欢光照充足的环境，对环境的适应能力非常强。薄荷对土壤的要求不是很严格，只要不是过砂、过黏、酸碱度过重、低洼、排水不良的土壤，一般都能生长。

薄荷是一种十分有用的植物，具有食用和药用价值：

薄荷装饰的饮品

薄荷叶用开水一泡，待冷却后喝上一碗，顿时让人感到凉快不已。薄荷也可用来装饰饮品。

薄荷口香糖

薄荷不仅是餐桌上的鲜菜，还能制成薄荷口香糖、薄荷糕、薄荷汤等。

全草
可入药

薄荷全草具有发汗解热的功效，内服主治流行性感冒、头疼、目赤、身热、咽喉痛、牙床肿痛等，外用主治神经痛、皮肤瘙痒、皮疹和湿疹等。

科学奥秘

薄荷吃起来非常爽口，这是因为薄荷的茎和叶中都含有大量的薄荷油，薄荷油具有挥发性，它的主要成分是薄荷醇和薄荷酮。吃薄荷会觉得清凉，并不是因为皮肤降温了，而是因为薄荷油对皮肤上的神经末梢产生了强烈的刺激作用。

完美杂草——白茅草

白茅草是禾本科、白茅属多年生草本植物，是田间的一种顽固性杂草。茎粗壮，秆直立，节无毛，叶鞘聚集于秆基，圆锥花序稠密，花柱细长，

紫黑色，羽状。白茅草的生长环境非常广泛，喜光，喜肥沃湿润的土壤，以疏松沙质土地生长最多。耐阴，耐水淹，耐干旱，多生长于农田、果园、路边。

白茅草虽然是田间的一种杂草，但是它也有不少作用：

茅草屋

以前，干燥的茅草可以用来盖房子。

白茅根可入药

白茅根洗净后不仅可以食用，还有重要的药用价值，具有凉血止血、清热利尿、生津止渴的功效。

每到春天，在美国亚拉巴马州就能够看到丛生的白茅草。白茅草能够借助风力传播种子。由于白茅草生命力非常顽强，所以很容易侵占本土植物的生活领域，对本地农作物造成危害。

科学奥秘

白茅草的生命力非常顽强。用锄头除白茅草时，它会"紧抓"土块中的根茎不放，就像混凝土中的钢筋，一直与锄头"打架"，把锄头磕碰得叮当响。不管是用锄头铲除，还是用火烧掉，过一段时间，白茅草又会生长得非常茂盛。

长寿蔬菜——马齿苋

马齿苋大多生长在菜园、农田、路旁，是田间常见的一种杂草。该植物为一年生草本，全株无毛，茎平卧，伏地铺散，枝呈淡绿色，叶片扁平、肥厚，呈马齿状，花无梗，萼片为绿色，呈盔形，花瓣为黄色，呈倒卵形。马齿苋喜欢生长在肥沃疏松的土壤中，耐旱、耐涝，生命力非常顽强。

种植马齿苋时用的种子是前一年从野外采集或栽培时留下的种子。其种子籽粒非常小，因此在种植时一定要精细，播种后保持土壤湿润，7~10天即可出苗。

马齿苋不仅生命力旺盛，还有很多用处：

嫩茎叶
可作蔬菜

马齿苋中含有丰富的营养物质，适当食用对预防心脑血管疾病具有一定的作用。

全草可入药

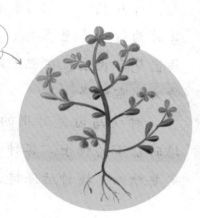

马齿苋全草具有清热解毒、凉血止血的功效。

科学奥秘

马齿苋的采收非常严格，切不可过迟。如果采收太迟，那么嫩枝就会变得非常老，严重降低马齿苋的食用口感，还会影响下一次分枝的抽生和全年产量。在采收一次后，可以间隔 15~20 天再次采收。

一碰即合——含羞草

含羞草被触动时，叶柄会下垂，小叶片合拢，因此人们称它为含羞草，又称它感应草、喝呼草等。含羞草的叶子细小，呈羽状排列，在温暖湿润、阳光充足的环境中生长良好，适合生长在排水良好、富含有机质的砂质土壤中。含羞草原产于南美洲热带地区，在中国各地都有栽培。

含羞草的花最常见的颜色有白色、淡红色和紫色，还有黄色、蓝色和红色。

淡红色含羞草花

黄色含羞草花

含羞草受到刺激后，之所以会合拢叶子，是因为它的叶柄基部有一个膨大的叶枕组织，叶枕里充满水分，下半部比上半部压力大。当含羞草的叶子被碰到时，叶子振动，叶枕下面的水分向附近的细胞流去，这时叶枕下半部因为失掉水分，就像泄了气的皮球一样变瘪了，而上半部因为充满水分，鼓了起来，所以叶片会呈现出合拢的样子，叶柄下垂，像害羞了似的。

含羞草除了会"害羞"，还有很多用处：

全草可入药

含羞草的羽叶非常纤细且秀丽，可用作室内观赏植物。

含羞草全草具有宁心安神、清热解毒的功效，主治吐泻、失眠、小儿疳积等。

科学奥秘

含羞草的老家在巴西。那里经常有狂风暴雨，只要有一滴雨点打在叶子上面，它就会把自己的叶片合拢起来，以避免风雨的摧残。时间一长，含羞草就形成了这样一种习性，并一代代遗传下来。由此可见，含羞草的"含羞"是在保护自己，是对环境适应的结果。

百草之王——人参

人参是珍贵的药用植物，其根部肥大，呈纺锤形，且有分叉，因其全貌能够呈现出人形来，因此被称为人参，也被人们称为"百草之王"。人参属多年生草本植物，喜欢阴凉、湿润的气候，生长在昼夜温差小、斜坡地的针阔混交林或杂木林中。人参的茎、叶、花、果可以加工成各种副产品，具有很高的经济价值。

人参的花为淡黄绿色，果实呈扁球形，鲜红色。

人参花

人参果

人参最主要的作用是入药，但也可以制成各种商品：

人参熬成
的汤药

人参除有利于调节血压、增强体质外，还具有祛痰、健胃、提神、解除压力、增强体力、提高智力、降低血糖以及提高免疫力等功效。

人参制品

人参全株具有很高的经济价值，它的茎、叶、花、果等是各种轻工业的原料，如含有人参成分的酒、烟、茶、膏等。

人参的根虽然具有特殊的医疗作用，但过量食用人参会损害身体健康，例如使人呕吐、出血甚至有可能致死，所以我们

应该适量食用人参。

人参按照生长方式，一般可分为野山参、移山参、园参。野山参是山野林海中自然生长的人参；移山参是将幼小的野山参移植到田间或将幼小的园参移植到野外的人参；园参是人工种植的人参。因为长期过度采挖，人参的天然分布区日益缩小，其赖以生存的森林生态环境遭到严重破坏。在我国，以"上党参"为代表的中原产区（山西南部、河北南部、河南、山东西部）早已没有野山参。当前，东北的野山参也十分少见。所以，保护人参这种自然资源具有重要意义。

科学奥秘

国外也生产人参，朝鲜半岛的人参称为"高丽参"，日本的称为"东洋参"，美国、加拿大的叫"西洋参"。我国的人参和高丽参外观具有明显的人形，其他品种则不明显。

苦口良药——黄连

黄连，又叫作味连、川连、鸡爪连等，是生长在高山密林背阴潮湿处的一种药用植物。这种植物有很多分枝，呈簇生状，弯曲的形状就像鸡爪一样，根茎为黄色且多节、成串相连，叶有长柄，叶片呈卵状三角形。黄连的根状茎可入药，入口极苦，所以俗语云"哑巴吃黄连，有苦说不出"，由此可知黄连的苦。

如果将黄连的根放在一杯清水中，过一会儿，就

会看到黄连根里跑出一种黄色的东西来，逐渐使整杯清水变成淡黄色。这种黄色物质叫作"黄连素"，黄连的苦味就来源于它。黄连素是一种生物碱，味道特别苦，如果将1份黄连素加上25万倍的水，等黄连素完全溶解后，尝一下溶液，仍然能够感觉到苦味。黄连的根茎含有7%左右的黄连素，由此可见，黄连的苦是名副其实的。

黄连的主要价值是药用：

黄连根茎
可入药

黄连的根茎入药不但能抗菌消炎，还能用于治疗细菌性痢疾、腹泻、呕吐等。

科学奥秘

黄连是一种怕热、怕晒的植物，在冷凉、湿润、荫蔽的环境中生长良好。因此，野生的黄连多生长于凉湿、荫蔽的山谷密林中。

食虫植物——猪笼草

猪笼草是一种常绿半灌木，长有奇特的叶子，基部扁平，中部很细，中脉延伸成卷须，卷须的顶端挂着一个长圆形的"捕虫瓶"，瓶口有盖，能开能关，由于这种草的外形就像运输猪用的笼子，因此得名猪笼草。猪笼草原产于东南亚和澳大利亚的热带地区，大多生长在湿度和温度较高的环境中。

猪笼草具有一定的药用价值：

猪笼草叶顶端的囊状体

猪笼草的干燥茎叶可入药，其中以叶顶端的囊状体（捕虫瓶）为主，具有清肺润燥、消炎解毒的功效，主治肺燥咳嗽、百日咳、黄疸等。

猪笼草是植物中的"肉食者"，它的"捕虫瓶"便是它捕虫的利器。"捕虫瓶"的构造比较特殊，其内壁有很多蜡质，非常光滑，使昆

虫容易滑入其中；中部到底部的内壁上约有100万个消化腺，能分泌大量无色透明、稍带香味的酸性消化液，这种消化液中含有能使昆虫麻痹、中毒的胺和毒芹碱。一旦昆虫进入"捕虫瓶"里，"瓶口"的盖就马上自动关闭，使昆虫很快中毒死亡。不久，昆虫所有的肢体都被消化，变成猪笼草所需的营养物质并被吸收。接着"瓶口"的盖又会打开，伺机捕捉下一个猎物。

科学奥秘

猪笼草是猪笼草属全体物种的总称。其种类非常多，常见的有瓶状猪笼草、二齿猪笼草、绯红猪笼草、奇异猪笼草、血红猪笼草等。

郁郁葱葱的树木

树干笔直——杨树

杨树是我国种植范围非常广的一种树木，不管是在居民家门口、马路上，还是在田野边，全国各处基本上都能见到它的身影。杨树生长速度非常快，树形非常挺拔，树荫茂密，树皮光滑或纵裂，常为灰白色，叶多为卵圆形、卵圆状披针形或三角状卵形，在不同的枝上常为不同的形状。杨树的果实成熟后，会干燥裂成两瓣，种子就会蹦出。杨树的种子基部围有一簇丝状长毛，一朵朵白色的茸毛像雪花一样随风飞舞，找到自己能生长的地方便落下来，生根发芽。

　　每当春天来临，种植着杨树的大街小巷总是飘满了许多像雪花一样的毛茸茸的絮状物，这就是杨树开的花。杨花结构简单，它没有蜜腺，不能分泌花蜜引诱昆虫帮它传播花粉，而只能借助于风力，所以它是风媒花。

　　杨树作为常见的一个树种，多用在绿化中，工业中可制作家具等，如：

　　杨树既可用于道路绿化和作为园林景观，也可广泛用作防护林木，如我国的三北防护林、农林防护林、生态防护林。此外，它还是重要的工业用材林木。

科学奥秘

　　杨花大量散播会污染环境，传播疾病，还会让人呼吸不畅，所以许多城市的街旁与绿化带都已经改用松树或槐树来装饰了。

生命力强——柳树

在我国，柳树是常见的一种树木，道路两旁、园林中、田野边都能见到它。它的枝呈圆柱形，叶柄短，种子小，呈暗褐色，对环境的适应能力非常强，在高山、平原、沙丘中均能生长，喜潮湿深厚的酸性及中性土壤，多数喜光、喜湿、耐寒。

柳树的生长速度非常快，这是因为在柳枝的形成层和髓芒之间，有许多具有很强的分裂能力的细胞群，这些细胞群能够迅速分裂繁殖，形成根的原始体。在柳枝插到土壤里以后，如果温度、湿度和遮光条件都适宜的话，根的原始体就会逐渐发育，形成新根。这些根深深地扎在泥土里，伸向四面八方，紧紧地拥抱大地，为树干提供丰富的营养。

柳树不但适应能力强，生长速度快，而且用处也很多：

绿化用树

柳树根系发达，对有毒气体抗性较强，并能吸收二氧化硫，因此可用于工厂区绿化。

柳枝编的篮子

在农村老人、妇女手中，柳枝可以编成篮子、箱子等日用品。

柳絮填充的枕头

柳芽、柳絮、柳叶的用途也很广泛，比如柳絮经过加工可以用来制作枕芯，也可以用来制作鞋垫等。

科学奥秘

在我国，柳树分布在长江流域及其以南各省的平原地区，华北、东北也有栽培。它垂直分布在海拔1000米以下的地区，是平原水边常见的树种。柳树在亚洲、欧洲及美洲许多国家都有悠久的栽培历史。

广泛种植——槐树

槐树是庭院中常见的一种树木，树皮为灰褐色，花为淡黄色，叶呈卵状披针形或卵状长圆形，荚果呈串珠状，种子呈卵球形，颜色为淡黄绿色，晒干后为黑褐色。槐树在我国各地均有栽培，华北和黄土高原地区尤为多见。在古代，槐树寄托着人们迁民怀祖的情感，还象征着吉祥。

涡阳槐是一种乡土树种，不管周围的环境多么恶劣，土壤多么瘠薄，这种槐树都能顽强生长。在物质短

缺的年代，槐花、槐叶还是救命的粮食，帮助涡阳的祖辈们度过了饥荒，因此被当地的百姓称为"救命树"，象征着涡阳人民自强不息、顽强拼搏的精神。

槐树不仅有着多种象征意义，还有多种用处：

槐树枝

在医学上，槐叶、槐枝、槐角（果实）有清肝泻火、散瘀止血、清肝明目等功效。

槐花

槐花酒

槐花常被用来食用，可蒸食或煎炒，还可用来酿酒和冲泡饮用。

科学奥秘

槐树和泓森槐的混交林，能够充分利用土地面积和土壤里的营养物质，不仅能实现经济效益最大化，还能最大限度地发挥槐树抵御自然灾害的能力。

栖凤之木——梧桐树

梧桐树常被种植在庭院中或道路两旁，是常见的一种行道树及庭园绿化观赏树。它的树干非常挺直、光滑，分枝较高，树皮为绿色或灰绿色，小枝粗壮，嫩枝有黄褐色的茸毛，老枝比较光滑，为红褐色。叶子较大，呈阔卵形，花单性，无花瓣，花萼为紫红色，花冠为白色或带粉红色，萼管外面生有淡黄色的短茸毛，果实下垂。梧桐树喜光，喜温暖湿润的气候，耐寒性不强，喜肥沃、疏松、排水性好的土壤。

有一种虫会影响梧桐树的生长，这种虫叫作梧桐木虱，又称青桐木虱、梧桐裂头木虱。这种虫

的若虫、成虫会吸食梧桐树树液，破坏梧桐树的输导组织，对梧桐幼树的伤害最大，严重时可导致梧桐树的叶片发黄，顶梢枯萎。若虫还会分泌白色棉絮状蜡质物，影响梧桐树

叶子的光合作用和呼吸作用，使叶面苍白萎缩。每当起风时，这种白色蜡丝会随风飘扬，严重污染周围环境。

梧桐木除具有观赏价值外，还常被用来制成各种工艺品：

梧桐木制作的箱子

梧桐木非常轻软，可用来制作木匣或箱子。

科学奥秘

在我国古代传说中，梧是雄树，桐是雌树，梧桐同生同死，同长同老。因此，梧桐树成了历代诗人歌颂的对象，常被用来比喻忠贞的爱情。

岁寒不凋——松树

松树是一种松科、松属植物，因为它具有顽强的生命力，不惧风雪，四季常青，因此人们用它来象征坚强不屈的品格，并把它与竹、梅并誉，称为"岁寒三友"。松树喜光，具有较强的耐寒性和抗旱性，人们可根据松树的品种来选择把它们种植在酸性土壤中还是碱性土壤中。

松树是一种四季常青的树木。它之所以具有这样的特性，是因为它的叶子很特别，呈针状，叶子的表皮细胞不仅壁厚，而且有一层厚厚的角质层，夏天能够忍耐干旱，冬天就像穿了一件厚厚的棉袄，使树叶不会因寒冷干燥而变得枯黄。另外，松叶的叶肉组织的细胞壁向内形成凸起，叶绿体沿着凸起表面分布，这样就增大了叶绿体的分布面积，也扩展了光合作用的面积。所以，一到秋天，很多树木的叶子就开始变黄飘落，而松树的叶子却依旧绿意盎然地待在枝头。

松树具有很高的观赏价值和药用价值：

松树的树姿极其雄伟、苍劲，具有很高的观赏价值，可制成盆景摆在室内。

松果

松果中含有的维生素E和脂肪油，具有软化血管、延缓衰老的作用。

松针

松针味苦，无毒，可药用，具有降血压的作用。

松节油

松树树干中能够割取松脂，提取松香和松节油。

科学奥秘

松树上常常会流出一种液体，这就是松脂。松树的根、茎、叶里储存了大量的松脂，一旦树干受伤，松脂就会流出来把伤口封住，以保护自己不受伤害。

叶红似火——枫树

枫树原名黄栌，它的叶片比较大，和人的手掌大小差不多，叶柄又细又长，枝条为棕红色或棕色。枫树大多生长在阳光充足、排水性良好的土壤中，主要产于长江流域及其以南各省区，在我国各地均有分布。

枫树的叶子里含有大量的叶绿素、叶黄素、胡萝

卜素、花青素。夏季过后，树叶里新的叶绿素生产减少，原来的叶绿素还会随着天气变冷而遭到破坏。到了秋天，枫树叶子中所含的花青素逐渐增多，叶绿素被破坏后，花青素就显露出来，使树叶变得红艳。特别是深秋以后，叶子经过霜打，叶绿素进一步被破坏，树叶就会越来越红。

枫树具有极高的观赏价值：

枫树是著名的观赏树种。枫叶的叶型美观，因此枫树常被栽种于城市道路两旁作为景观树。在深秋时节，当枫树成片形成枫林时，景色非常优美，有很强的观赏性。

科学奥秘

加拿大人非常喜爱枫树，他们每年都要举行盛大的"枫糖节"。以枫叶为标志的商品和印刷品比比皆是，就连加拿大的国旗上也印有一片红艳的枫叶，因此加拿大享有"枫叶之国"的美誉。

春暖花开——桃树

桃树是蔷薇科、桃属植物，树皮呈暗灰色，叶片呈窄椭圆形或披针形，花有短柄，果呈球形，表面有茸毛，果内含核，核内含种子，种子为白色。桃树喜欢阳光，喜温凉、干燥的环境，耐干旱，在肥沃、疏松、排水性良好的土壤中生长得最好。

桃花的颜色有很多种，如淡粉色、深粉色、红色、白色等。桃树结的果实——桃，也有很多非常重要

的变种，如油桃、蟠桃、寿星桃、碧桃等。这些变种中，油桃和蟠桃被当作果树来栽培，寿星桃和碧桃主要用来观赏。

淡粉色桃花

深粉色桃花

红色桃花

桃树全身上下都是宝，有很多用处：

桃花开放时，不仅美丽，还散发着淡淡的香味，有一定的观赏价值，可放在室内，芳香四溢，让人心旷神怡。

黄桃罐头

桃树结的果实多汁，可以生食或制成桃脯、罐头、桃汁等。

桃仁

核仁不仅可以食用，还有一定的药用价值，具有活血化瘀、润肠通便、止咳平喘的功效。

在食用方面，桃花能制作成鲜美的桃花饼，吃起来唇齿留香。桃花还能酿成桃花酒。

桃花饼

桃花酒

科学奥秘

桃树的各个部分有着不同的象征意义，如桃花象征着春天和爱情，桃枝和桃木可用来驱邪求吉，桃果隐含着长寿、健康、生育的寓意等。

花白如雪——梨树

梨树是一种常见的果树。它的叶子呈卵形，花为五瓣，颜色为白色，或略带粉红色。梨树的果实有的是圆形，有的是基部较细、尾部较粗的形状，品种不同，果实的大小也不相同，颜色有黄色、绿色、黄中带绿、绿中带黄等。梨树喜欢温暖的环境，喜光照，当光照充足时，梨的产量会大大增加。梨树在生长过程中对水的需求量较大。

如果把梨果放到地窖中，地窖一定要地质硬实、通风凉爽、地下水位低且无虫鼠和积水。如果是比较古老的地窖，稍加改造也可以使用。地窖的大小应该根据装果量、有利于作业、便于管理等因素来确定。

梨树开的花不仅美丽，还具有极高的观赏价值，而且其结的果也有很多用处：

梨花

梨花美丽，可供观赏。

梨汤

梨树结的果可以直接食用，不仅鲜甜可口、香脆多汁，而且有降火、清心、润肺、化痰、止咳的功效，还可以制作成罐头、熬成梨汤食用。

科学奥秘

在梨的生长过程中，果农常在梨上套袋，这样做的目的是减少病虫危害，减少农药的污染，进而改善果实的外观和质量，使梨干净光滑、肉细汁多。

树中寿星——银杏树

银杏树是银杏科、银杏属植物。叶子呈扇形，有长柄，呈淡绿色，秋季为黄色，种子具有长梗，下垂，呈椭圆形，果实与杏子一样大。银杏树初期生长速度非常缓慢，喜光，多生长在酸性黄壤、排水性良好的天然林中，我国各地均有栽培。由于银杏树树形优美，春夏季节叶片颜色为绿色，秋季颜色为黄色，非常美丽，所以多栽培在庭园中和路边。

银杏树不仅具有极高的观赏价值，还有很多用处：

银杏叶

银杏叶中具有很多营养成分，如蛋白质、糖、维生素C、胡萝卜素等。

银杏果

在医学方面，银杏果主治咳嗽、哮喘、遗精、遗尿等，银杏叶中的提取物对治疗冠心病、心绞痛等具有一定的效果。

早在3亿年前，银杏就已经在地球上诞生了。在多种因素的作用下，亚洲大陆上的银杏几乎绝种，但由于我国的山脉多为东西走向，能够起到阻拦冰川的作用，而华中和华东一带也只受到冰川的局部侵袭，因

此，银杏在我国侥幸地生存下来，并成为我国植物界的"活化石"。

科学奥秘

在山东日照市莒县浮来山下，有一棵树龄高达3000多年的银杏树。传说这棵银杏树是西周初期周公东征时所栽。这棵银杏树生命力极强，至今仍枝叶茂盛，被人称作"天下银杏第一树"。

硕果累累——石榴树

石榴树是庭院中常见的一种树，能开花，能结果，许多家庭都会种植石榴树。该树的树冠呈丛状自然圆头形，树根呈黄褐色，树干呈灰褐色，花多为红色，花瓣多达数十枚。石榴树喜温暖向阳的环境，耐旱、耐寒，不耐涝和荫蔽，以排水性良好的夹沙土栽培为宜。

石榴中含有花青素，而花青素是人们发现的能够从食物中提取出来的保护眼部肌肤的一种物质，所以多

石榴树

石榴果

吃石榴能够保护眼睛。另外，由于石榴中含有大量的有机盐，所以吃完后一定要及时刷牙，否则的话会腐蚀牙釉质。

石榴花和石榴果粒具有多种作用：

石榴花

石榴花的颜色艳丽，可用来观赏。

石榴果粒

石榴果粒酸甜可口多汁，富含水果糖类、优质蛋白质等多种营养物质。

科学奥秘

我国栽培石榴的历史非常悠久，可追溯至汉代。根据陆巩记载，石榴是张骞从西域引进的。石榴在我国安徽、江苏、河南等地种植面积较大，安徽省怀远县还是"中国石榴之乡"。

枝繁叶茂——苹果树

苹果树是人们生活中常见的一种果树。该树植株挺拔秀美，树干呈灰褐色，小枝短而粗，叶片互生，颜色青绿，为椭圆形或卵形，花朵娇艳美丽，白色带红晕，果实未成熟时为青绿色，成熟后以红色居多。苹果树多生长在温带气候区，适应能力较强，喜欢阳光，能耐严寒，适宜生长在微酸性到中性的土壤中。

苹果树最主要的价值是结果，供人们食用：

苹果富含矿物质和维生素，是深受人们喜爱的水果之一。适量地食用苹果，能够增强人体免疫力，促进消化，有利于肠胃健康。

苹果也可以榨成汁进行饮用。苹果汁可清洁消化道，促进食物消化。

在果园里，核桃树对苹果树总是不宣而战。核桃树的叶子分泌的核桃醌会偷偷地随雨水流进土壤，这种化学物质能够破坏苹果树的根部，引起细胞质壁分离，使得苹果树的根难以成活。此外，苹果树还常常受到树荫下生长的苜蓿或燕麦的"袭击"，从而生长受到抑制。

科学奥秘

人工种植苹果树时一般先用种子育苗，然后将选好的另一植株嫁接在树苗上，等长到适宜的大小时，便可定植在果园中。